国家自然科学基金《建筑与农业种植一体化研究——以京津地区城市住宅为例》（基金号：51608022）支持

建筑与农业种植一体化空间研究

刘 烨 著

中国建筑工业出版社

图书在版编目（CIP）数据

建筑与农业种植一体化空间研究 / 刘烨著. —北京：中国建筑工业出版社，2019.6
ISBN 978-7-112-23604-6

Ⅰ. ①建… Ⅱ. ①刘… Ⅲ. ①都市农业—住宅区规划—研究—北京 ②都市农业—住宅区规划—研究—天津 Ⅳ. ① TU984.12

中国版本图书馆CIP数据核字（2019）第068927号

责任编辑：刘 丹
责任校对：赵 颖

建筑与农业种植一体化空间研究
刘 烨 著
*
中国建筑工业出版社出版、发行（北京海淀三里河路9号）
各地新华书店、建筑书店经销
北京点击世代文化传媒有限公司制版
北京建筑工业印刷厂印刷
*
开本：787×1092毫米 1/16 印张：12½ 字数：195千字
2019年8月第一版 2019年8月第一次印刷
定价：68.00元
ISBN 978-7-112-23604-6
（33892）

序

自古以来，民以食为天，人类一天不改变吃喝拉撒的生物学本性，农业则始终是重中之重的“第一产业”。即使在第一产业在国民生产总值中的比重逐年下降的今天，农业的重要性却丝毫不减。

2011 年，全球人口已达到 70 亿，其中城市人口超过 50%。城市化扩张与农争地，与民夺食；人口的不断增长和物质诉求的膨胀，将会使人地关系愈加紧张，贫困饥饿会随时袭来。据联合国粮农组织（FAO）数据，2018 年全球饥饿人口已超过 8.2 亿。雪上加霜，持续的气候变化也会造成土壤的荒漠化和海平面的上升，侵吞大量的土地和农田，给人类生存带来难以估量的威胁。《联合国防治荒漠化公约》（UNCCD）的有关信息表明，若不采取有力措施，未雨绸缪，至 2025 年干旱将使地球上 70% 的土壤荒漠化，发人深省，令人震惊。

我国的情况更不容乐观。人多地少是我国长期存在、不断加剧的基本国情，多项资源指标未能达到世界平均水平，人均耕地面积不足世界平均水平的 1/2。据国家统计局公报，2018 年我国的城镇化率已达 59.58%，依然在朝着既定的城镇化道路和目标持续推进，将进一步加剧各种资源尤其是用地的紧张局面。目前，我国粮食进口依赖度已达到 20% 左右，国家粮食安全形势严峻。面对现实困境，如何在聚焦“三农”、发展农业的同时，深入挖掘城市内部及其周边的农业生产潜力，“都市农业”（Urban Agriculture）不失为一条行之有效的重要途径。

所谓的都市农业，并非天方夜谭和分外之事。在国际上，城市与农业相结合的研究和实践由来已久，近年也逐渐渗透到城市规划、城市设计、景观设计和建筑设计之中，成为城市与建筑理论研究和实践的新趋势。

早在 18 世纪末到 19 世纪上半叶，为救济和安抚失地农民及城市劳工，英国城郊就已出现了划成小块廉价出租的份地农园（Allotment garden），是比较早的都市农业的雏形。份地农园后来也影响到欧洲其他国家和北美。19、20 世纪之交，受空想社会主义思想的影响，英国社会活动家埃比尼泽·霍华德针对日益恶化的城市环境，提出了田园城市的构想。在田园城市中，霍华德把零散分布的份地农园整理成宅地农业和环城农业两种类型，并于1903年组织“田园城市有限公司”，在伦敦郊外建立了第一座田园城市——莱奇沃思(Letchworth)。“二战”期间，在欧美国家出现了大量的城市内部和城郊的农园，以解食品短缺的燃眉之急。1944年，美国掀起了大规模自由农园、救济农园和胜利农园运动，满足了战时全国40%的食物需求。

现代建筑大师勒·柯布西耶和弗兰克·L·赖特对城市与农业的一体化情有独钟。柯布西耶认为，一家一户的份地农园效益低下，微不足道。在1922年的“当代城市”方案中，他提出了紧邻城市的大规模农田、集中式社区农园、空中农园，以及公共绿地上的果树、果园等丰富多样的构想，甚至主张用“垂直田园城市”来取代霍华德水平向扩展的田园城市。与柯布西耶不同，赖特反对高密度垂直发展的城市模式，认为汽车交通和电力输送的便利为城市的分散式布局带来契机，于1935年提出了“广亩城市”的概念。广亩城市为每户住宅配置了1英亩的土地种植粮食和蔬菜，居住与农业合而为一，自给自足。赖特晚年出版的《活的城市》收录了他提出的关于都市农业的规划布局模式。然而，大师们闪光的思想似乎都被有意无意的屏蔽了，远未引起应有的重视，在欧美城市规划设计的理论与实践中也极少关注城市的农业问题。

进入1960年代之后，随着美国科普作家蕾切尔·卡逊《寂静的春天》出版，现代农业和工业化发展的环境弊端引发了人们对城市生态问题的普遍担忧和反思。与此同时，一些学者开始探索城市生态环境与农业生产相结合的途径，都市农业的构想在生态建筑、生态城市中也得到充分展现。建筑生态学的创立者索勒里（P·Soleri）于1970年开始尝试把食物生产融入城市设计，提出城市的“生产性植被”理念。受澳洲热带雨林植物群落互助现象的启示，生态学家莫林森（B·Mollison）与霍姆格伦（D·Holmgren）于1978年提出“永续农业”（Permaculture，由Permanent的Perma和Agriculture的culture组合而成）的思想。1987年，国际生态城市建设理事会主席杰斯特（R. Register）最早提出了生态城市概念，在关于伯克利的城市研究中，他把农业视为城市命运的要素之一，倡导在不同尺度进行各种形式的农业种植。

如果说生态建筑、生态城市中的农业还只是作为城市的要素存在的话，从新世纪之交到现在，有关都市农业的研究则进入了以农业为主的城市整体性探索的新阶段。其重要标志当属2005年英国布莱顿大学建筑系教师维尤恩（A. Viljoen）与建筑师波恩（K·Bohn）编辑《CPULs连续生产性城市景观：为可持续城市设计城市农业》一书的出版。该书汇集了众多跨学科的相关研究成果，提出将农业做为可持续城市的重要基础设施，融入整体的城市公共空间连贯起来，被誉为“为建筑学打开了一个新的领域”。其后，荷兰瓦赫宁根大学建筑系的提莫伦（A·van Timmeren）与建筑师洛灵（W·Roling）提出可持续植入理论，构建了分布式“关键流”代谢循环技术体系；荷兰建筑师格拉夫（P·de Graaf）主持的“食用鹿特丹”研究项目提出了鹿特丹城市特征的五层次空间布局构想；新城市主义旗手DPZ和加拿大HD Lanarc事务所分别提出农业城市主义的思想，从城市居民与土地、食物及社区的关系入手，把食物生产的需求从各个层面融入整体城市结构。国外的都市农业研究已经初步形成了一种新的城市规划设计理论，正在朝着整体性、系统性方向发展。

此外，我国关于都市农业的研究虽然起步较晚，但也正在引起学界的关注。1990年代，都市农业的概念从日本传入我国，相关研究从世纪之交起步，发表成果主要集中于经济、农林、资源、地理等领域，规划、建筑领域相对较少。2008年，建筑学家孟建民基于我国耕地缺乏、食品安全、热岛效应和城市空间潜力的思考，在《深圳特区报》发表《让田园农业回到现代城市中来——有关城市农业化变革的构想》一文，在《中国建设报》又进一步提出“城市农业化革命”的新概念，在城市规划、建筑设计、生态环保等领域引起强烈反响和关注。

天津大学建筑学院对都市农业的跟踪研究始于十多年前。当时工作室的研究生在做国外生态村的论文，还有几位低年级硕士生没有开题。我有次出差在飞机上看报，被浙江绍兴农民在自家屋顶上收割水稻的两张照片深深打动。在建筑上种庄稼不也是很好的课题吗？于是就让在校的同学搜索屋顶农业（Rooftop Farming）、城市农业（Urban Agriculture）、垂直农业（Vertical Farming）、可食景观（Edible Landscape）等关键词。等我回到学校，几位同学已经搜索到几百篇文献，后来就给他们确定了“都市农业”的选题。

本书作者刘烨就是三位选择都市农业开题的硕士生之一。当初，刘烨与崔璨、孙艺冰三位同学一起收集资料，分别从建筑、城市和景观入手，开始硕士论文的写作。崔璨和孙艺冰分别完成了《给养城市——可食城市与产出式景观思想策略初探》（崔璨，2010）和《都市农业与中国城市生态节地策略》（孙艺冰，2010）的硕士论文。后来孙艺冰硕博连读，期间赴美国华盛顿大学访学，参与了纽约市的都市农业调查，完成了博士论文《都市农业发展现状与潜力研究》（2013）。

硕士期间，刘烨的主要精力集中于垂直农场，完成了硕士论文《垂直农场初探》（2010）。在博士阶段中，刘烨也曾遇到是否继续深入研究垂直农场，还是另选题目的问题。垂直农场作为城市中的独立个体，采用人工环境控制技术，具有较高的经济和生态成本，概念提出数年，始终没有实质性进展。踌躇之际，来自海南大学、具有农学背景的博士生穆大伟恰好进入工作室，他的专业知识对论文选题和种植实验多有助益。在穆大伟的帮助下，刘烨提出以农作物替代垂直绿化的设想，依托工作室内的窗台设计了种植黄瓜的“黄瓜窗帘”。通过一年的连续测试记录，与无种植窗户的室内光照和温度环境数据进行比较分析，明晰了农业种植与建筑相结合的优势所在，也坚定了研究方向，2014 年完成了《城市建筑与农业种植的有机整合》的博士论文。

从博士毕业到北京建筑大学工作的几年中，刘烨在原来研究基础上，又向“生产性城市”方向探索，将研究视野从建筑单体拓展至社区农园。她还成功获批国家自然科学基金项目和北京市社会科学基金项目，反映了学术界对都市农业方向的关注和重视。很高兴她的研究成果能够以专著的形式和读者相见。与论文相比，书中增加了近几年的新思考，对实验结果进行了更系统的分析，研究思路和方法也发生了一些新变化。

“房前屋后种瓜种豆”的传统，绍兴农民屋顶水稻的实践，国内外的相关研究成果与案例，都会给我们以启迪。希望本书的出版能够引起更多学者、读者的关注和思考，共同探索都市农业发展途径和前景，为建设城市美好家园而努力。

张玉坤

天津大学建筑学院

参考文献：赵继龙，张玉坤．城市农业规划设计的思想渊源与研究进展．城市问题，2012，4：83-88.

目　录

第一章
绪论

1.1　研究背景

1.1.1　耕地减少、农产品“食物里程”增加与都市农业

随着全球范围的人口持续增加、耕地持续减少，饥饿问题和粮食安全问题日益严重。根据联合国粮食及农业组织（Food and Agriculture Organization，FAO）、联合国世界粮食计划署（World Food Programme，WFP）的统计，2017 年全球约有 8.21 亿人面临长期的食物短缺和营养不良，而且情况有可能持续恶化。《联合国防治荒漠化公约》（UNCCD）指出，干旱已经影响到地球上至少 41% 的土地，到 2025 年，可能令地球上 70% 的土壤变成焦土。这意味着随荒漠化加剧，地球上可用耕地正在逐步减少。为了缓解世界范围内的饥饿问题，人们不得不将寻找可耕种土地的目光转向城市和城郊这些传统意义上的非农业地区。与此同时，20 世纪以来，随着现代城市的发展，农业生产长久地被隔离在城镇生活之外。全球化经济前提下，基于运输业的技术进步和产业发展，农产品产地与消费者之间距离越来越大。目前，城市中消费的水果、蔬菜等不仅来自城市周边地区，更有甚者来自数千千米以外的农业产区。现代农业分配和消费方式极大地增加了农产品的“食物里程”（Food Mile）。“食物里程”并非是农产品运输的距离，而是农产品离开产地到达餐桌的过程中，包装、储藏、运输等环节消耗的资源和能源总和。由于“食物里程”与化石能源消耗和二氧化碳排放相关，在能源紧缺、环境污染严重的今天，这种不可持续的食品分配和消费方式引发了广泛的关注。都市农业（Urban Agriculture）作为城市范围内的农业种植活动，因其能为城市提供低“食物里程”的农产品，在城市规划和城市设计领域中已经引起关注。

1.1.2　中国城市的高密度环境

基于对耕地减少和农产品高“食物里程”问题的回应，近年来，各个国家和地区的城市和周边地区出现了多种都市农业活动，包括市民农园（德国）、社区支持农业（美国、中国等）、插花型

农业（日本）等。这些活动主要位于城市闲置土地、房前屋后的小片空地或城郊土地。然而，在以中国北京、上海等为代表的人口密度高、城市建筑密度大而公共绿地占有率低的城市[①]，城市范围内满足农作物种植要求且适宜农业生产的土地有限。所以，相关领域学者和实践活动参与者将寻找“土地”的目光转向以建筑为主的城市立体空间。这种基于城市立体空间的农业生产称为垂直农业（Vertical Farming），其中基于城市建筑立体空间的生产称为建筑农业（Agriculture for Building）。

1.1.3　现代农业生产导致高能耗

在现代农业农产过程中，设施农业的应用越来越广泛，通常是指采取人工手段保障农作物种植的温度、光照等环境因素，多在气候条件不适宜农业种植的地区和季节采用。在我国的大部分地区，设施农业生产与“反季节”农产品消费紧密相连。

与传统农业相比较，现代农业生产所需要的能耗要大得多。其原因有很多，包括设施农业的生产特点，以及化肥、杀虫剂、生长调节剂等化学制剂的大量使用等。现代农业中，以人工调控温室环境的智能温室为代表的设施农业，是导致生产能耗高的主体。采用智能温室，生产单位重量的农作物所需化石能源，是露天农业生产所需能耗的 57 倍。[②]

为降低农业生产能耗，除了倡导当地、当季的农产品消费外，还应积极寻找其他降低农业生产能耗的途径。

1.1.4　建筑农业实践缺乏策略指导

近些年来，我国的各类城市中业已出现类型丰富、规模多元的建筑农业实践活动。其中，实践活动数量较多的是位于建筑屋顶或墙体外侧的露天农业。这些种植活动所采取的技术手段各异、生产规模不一，实践目的也各有不同。然而，各种实践活动的共

① 香港人均公共绿地 24m^2，http://gd.people.com.cn/n/2012/0624/c339298-17172815.html；伦敦人均公共绿地为 24.6m^2，http://www.chinacity.org.cn/csfz/cshj/74411.html，2011-08-18；北京的人均绿地仅为 15.3m^2，http://news.cntv.cn/20110126/104932.shtml，2011-01-26。

② Viljoen A，Bohn K. Continuous Productive Urban Landscapes: Designing Urban Agriculture for Sustainable Cities[M]. Oxford: Architectural Press，2005: 28.

性更为突出，均采取了传统农业种植手段，一般是在建筑建成后增加农业种植功能，而非在建筑设计伊始提出相关条件。

总体来讲，在目前的建筑设计领域中，农业生产作为建筑非必需的附加功能，往往会和“绿色”“生态”“低碳”等专项设计板块相结合。建筑师在一些绿色建筑设计和改造中采取屋顶农园等露天农业种植替代立体绿化，以农业产出填补投资和维护费用。故而，上述各类建筑农业活动都缺乏系统的规划和策略，农业种植与城市建筑的结合方式松散。

1.2 国内外理论研究及实践探索

无论在我国还是其他国家和地区，农业与城市建筑相结合的理论研究和实践探索都在齐头并进、相互促进。特别是在一些领域中，实践活动甚至先于理论研究。因此，在进行已有研究探索的整理和借鉴时，不仅要对国内外的研究现状进行回顾，更应对重要的空间实践进行归纳和解析。由于农业与城市建筑结合的形式多元丰富，本书根据二者的结合方式，分类型进行归纳和总结，包括都市农业、垂直农场（Vertical Farm）、建筑与农业种植一体化（Buidling Integrated Agricuture, BIA）、屋顶农园（Rooftop Agricultural Garden）与其他露天农业种植、建筑室内农业种植等内容。

1.2.1 都市农业

联合国粮食与农业组织对都市农业的定义是：“存在于城市范围内或靠近城市地区，以为居民提供优质、安全的农产品与和谐的生态环境为目的的区域性或局部性农业种植。”①

早在 19 世纪末 20 世纪初，与都市农业的相关理论研究就已经初露萌芽。1898 年，埃比尼泽·霍华德（Ebenezer Howard）提出了“田园城市”（Garden Cities）理论，将农业生产纳入城市功能之中，提倡粮食的本地供应。1925 年，勒·柯布西耶在

---

① Smit J，Ratta A，Nasr J. Urban Agriculture：Food，Jobs，and Sustainable Cities[M]. New York：NY Press，1996.

《明日之城市》(The City of Tomorrow and Its Planning，法文版名为 Urbanisme，1929 年被 Frederick Etchells 译为英文版）中，认为城市中应当将农业生产与建筑规划相结合。他还提出城市种植园的具体形式，包括大规模农业区、城市集体农园和私人家庭农园。[①]1932 年，弗兰克·劳埃德·赖特（Frank L loyd Wright）提出了“广亩城市”（Broadacre City）的理念，认为农业生产应与城市建设结合，城市应做到食品自给自足。

1996 年，在联合国开发计划署（UNDP）的组织和资助下，由雅克·斯米特（Jac Smit）、安努·拉塔（Annu Ratta）、乔·纳斯尔（Joe Nasr）等联合撰写完成了第一部全面介绍都市农业的报告《都市农业——食品、就业和可持续城市》(Urban Agriculture：Food，Jobs and Sustainable Cities)，报告介绍了都市农业的相关政策、实践和应用技术等问题。

除了上述位于城市地面的农业生产理论与实践，立体维度的空间探索也是重要的方向之一。2005 年，安德烈·维尔荣（Andre Viljoen）和卡特琳·博恩（Katrin Bohn）在《连续的都市农业景观：可持续城市的都市农业设计》一书中，提出了都市农业应作为连续的城市景观（Continuous Urban Landscapes)，在城市生态、社会公平等方面担负起责任，并以现有的实践活动为例提出多种建议和设计策略。此外，他们还将基于建筑的都市农业称为“立体农业”，认为在城市人口密度较高，而基于城市土地的农业生产不能满足居民食品需求时，可以采用“立体农业”的形式进行生产，为城市居民提供农产品。[②]在这一理论中，基于城市建筑的“立体农业”生产是利用建筑立面、阳台等“表皮”空间的露天农业生产。

1.2.2 垂直农场

早在 1915 年，吉尔伯特·埃利斯·贝利（Gilbert Ellis Bailey）就曾提出“垂直农作”（Vertical Farming）的理念，此处

① 孙艺冰，张玉坤．都市农业在国外建筑和规划领域的研究及应用 [J]. 新建筑，2013（4）：51-55.

② Viljoen A，Bohn K. Continuous Productive Urban Landscapes：Designing Urban Agriculture For Sustainable Cities[M]. Oxford：Architectural Press，2005.

所谓的“垂直”与现代含义并不一致，意指农作物抽象的生命形态。

当代的垂直农场是指建筑（特别是高层建筑）中空间的混合使用，美国哥伦比亚大学的迪克森·德波米耶（Dickson Despommier）教授，于1999年专门就此概念进行了详细阐释。他认为，垂直农场是城市中的大规模农业生产，或者摩天大楼里的农场。[①] 垂直农场被认为是城市农产品的供给站，采用人工环境调控温室技术，通过人工补充光照、调节温度等手段，保障农场内全年不间断生产。它的生产效率虽高[②]，但日常运行能耗大，引发了生态效益和经济效益的争议。所以，目前世界范围内仍无真正意义上的垂直农场实践。

针对垂直农场的生态效益争论，建筑领域学者和设计师展开了研究。2008年，蒂法妮·布罗伊尔斯（Tiffany D. Broyles）在第25次被动式和低能耗建筑会议上发表了《城市农场建筑类型定义》(Defining the architectural Typology of the Urban Farm)一文，提出了关于“城市建筑农场”的新探索。她认为“城市建筑农场”应基于当地气候特点，并采用被动式太阳能技术，以减少农场运行能耗。同时，根据农场建筑在城市中的光环境条件，合理安排农场生产、运输或包装分配等功能，减少人工光照使用。[③] 她的研究推动了垂直农场在建筑领域的深化。

基于垂直农场理念的设计方案数目繁多，早期的设计作品包括加拿大滑铁卢大学的戈登·格拉夫（Gordon Graff）的“空中农场”（Skyfarm），德波米耶与埃里克·埃林森（Eric Ellingsen）合作的“金字塔农场”（Pyramid Farm）等。这两个方案充分表达了垂直农场理论原型的特点。随后的设计中，建筑师开始关注农场能耗降低这一命题。韦伯·汤普森（Weber Thompson）设计事务所设计的“生态实验室”（Eco-Laboratory），将农业生产功能布置在建筑东、南两侧，利用优势光照朝向。2009年，加拿大罗姆斯（Romes）建筑事务所设计的“绿色收获计划”（Harvest

① Despommier D. The Vertical Farm：Feeding the World in the 21st Century[M]. New York：Thomas Dunne Books，2010.

② Wagner C G. Vertical Farming：An Idea Whose Time Has Come Back[J]. The Futurist，2010，44（2）：68-69.

③ Broyles T D. Defining the Architectural Typology of the Urban Farm[C]// Conference on Passive and Low Energy Architecture，Dublin，2008.

Green Project），将垂直农场与城市轨道交通结合，以农场生产与低碳的出行方式结合，最大限度地降低“食物里程”。同年，荷兰 MVRDV 事务所设计的“Pig City”，是一座以猪为主体的农场。农场顶层养鱼，底层种植农作物，共同为猪提供饲料，并收集动物粪便通过发酵沼气作为能源。它利用农业中的物质循环系统和生物质能技术，减少农场运行能耗。瑞典普兰塔贡（Plantagon）设计事务所设计的“球形垂直农场”和美国 AC 工作室设计的“斜阶梯农场”等都基于对自然光照的利用，以减少运行能耗。此外，著名设计还包括“伦敦塔桥垂直农场”“城市农业中心”等，此处不一一列举。

实际上，类似于垂直农场的概念更早一些时间就出现在历史长河中。1985 年，南希·杰克·托德（Nancy Jack Todd）畅想了城市农场的形式：“在被遗弃的仓库中，地下室种植着蘑菇，一层养殖鸡和鱼类，二层种植营养液水培蔬菜，三层种植蔬菜，而建筑屋顶安装风能电机和太阳能光伏电板。”[①] 她提出的城市农场理念与现在的垂直农场有类似之处。而新加坡建筑师杨经文（Ken Yeang）提出了“农业建筑混合大厦”（Mixed-use skyscrapers）的理念。他认为，农业种植活动位于建筑室外，农业生产受气候影响和制约，农产品主要供大厦内个人或社区分配消费，而不是供应整个城市。

这些基于城市多层或高层建筑的立体农业生产设想屡屡被人关注，可见集约土地的生产方式在城市中具有难以抗拒的吸引力。然而，基于上述设想的实践活动却几乎不存在。

1.2.3 建筑与农业种植一体化

建筑与农业种植一体化这一概念最早在 2007 年由特德·卡普洛（Ted Caplow）在第 28 届 AIVC 会议上提出。[②] 卡普洛认为，建筑与农业种植一体化是高效水培温室与建筑的结合，是农业功

① Todd N J, Todd, J. Bioshelters, Ocean Arks, City Farming: Ecology as the Basis of Design[M]. San Francisco: Sierra Club Books, 1984.

② Caplow T, Nelkin J. Building-Integrated Greenhouse Systems for Low Energy cooling[C]//2nd PALENC Conference and 28th AIVC Conference on Building Low Energy Cooling and Advanced Ventilation Technologies in the 21st Century, Crete island, Greece, 2007: 172 ~ 176.

能与建筑混合使用，也是建成环境和农业生产的协同。[①] 其典型系统包括，循环的营养液水培栽培系统、从建筑采暖、通风和空气调节系统获得余热的装置、太阳能光伏电板或其他可再生能源设备、雨水收集系统和蒸发降温装置。农业温室与建筑结合方式有两种，屋顶温室（Horizontal Rooftop Greenhouse）和竖向温室（Vertically Integrated Agriculture）。[②] 屋顶温室是位于城市建筑平屋顶上的农业温室。特德·卡普洛和内尔金（J. Nelkin）在《低能耗降温的建筑一体化温室系统》(Building-integrated greenhouse systems for low energy cooling）中，提出屋顶温室与城市建筑结合时，在二者内部空气流通情况下，可以利用温室湿帘降温系统和空气热压原理，低能耗降低建筑温度。[③] 竖向温室是建筑与农业种植一体化模式的另一种形式。它是高度大于进深的温室，可以与建筑立面或大厅结合，也可以单独存在，或利用建筑双层玻璃幕墙空间。温室的核心是竖向联动的种植系统。扎科瑞·亚当斯（Zakery Adams）和特德·卡普洛共同就这一空间和机械系统申请了专利《竖向温室》(Vertically Integrated Greenhouse)。[④]

许多学者基于建筑与农业种植一体化理念展开了相关的拓展研究。罗伯特·弗拉尔斯特德（Robert Vralsted）在《拉斯韦加斯的建筑与农业种植一体化规划》(Planning for building-integrated agriculture in LasVegas）中提出城市中开展建筑—农业种植一体化的基本条件。在建筑层面上，增加建筑与农业种植一体化系统，需考虑建筑结构承重能力、潜在光条件和种植用城市水源等。[⑤] 威廉姆·普莱勒（William Plyler）在《接近自然：建

---

① Caplow T. Building Integrated Agriculture：Philosophy and Practice[R]// the Heinrich Böll Foundation. Urban Futures 2030：Urban Development and Urban Lifestyles of the Future. Germany，2010：54-58.

② Puri V，Caplow T. How to Grow Food in the 100% Renewable City：Building-Integrated Agriculture[M]// Droege P. 100% Renewable：Energy Autonomy in Action. London：Earthscan Ltd，2009：229-241.

③ Caplow T，Nelkin J. Building-Integrated Greenhouse Systems for Low Energy Cooling[C]//2nd PALENC Conference and 28th AIVC Conference on Building Low Energy Cooling and Advanced Ventilation Technologies in the 21st Century，Crete island，Greece，2007：172-176.

④ Adams Z W，Caplow T. Vertically Integrated Greenhouse：United States，US8151518B2[P].2012-04-10.

⑤ Vralsted R. Planning for building-Integrated Agriculture in Las Vegas[D].University of Nevada，2011.

筑与农业种植一体化的逻辑框架》（“Near-by Nature”：A Logical Framework for Building Integrated Agriculture）中，以某宿舍楼为例，对农业生产与建筑空间结合的方式做了逻辑推断与构架。他基于四种选定的蔬菜类型、特定的建筑单体、固定的居住者数目，测算并设计了基于屋顶温室和竖向温室生产的农业空间规模和形式，说明了建筑改建方式。①

建筑与农业种植一体化理念源于美国，相关研究、设计和推广由研发组织、建筑事务所和农业设施公司共同推动。其中，位于美国纽约的“纽约太阳中心”（New York Sun Works Centre）倡导、引领了纽约当地的屋顶温室研究和实践，Kiss+Cathcart 事务所设计了相关方案，包括 2002 年与英国 Arup 事务所合作的 2020 塔（Tower 2020）。② 而光明农场（BrightFarms Inc.）公司提供温室（Controlled Environment Agriculture CEA）系统及相关农业生产设施。

屋顶温室实践活动丰富。其中，2007 年运行并对公众开放的“科学驳船”（The Science Barge）独立于城市环境，它证明了通过配套雨水收集和再生资源系统获得的水和能源能满足温室生产能耗。另外，北美地区分布着一些商业生产用途的屋顶温室实践，包括戈瑟姆屋顶温室（Gotham Greens，New York）和卢法屋顶温室（Lufa Farms，Quebec）等。

1.2.4　屋顶农园与其他露天农业种植

在屋顶农园、开敞阳台农园或其他露天农业种植领域中，实践活动往往先于理论开展，或与理论并行。

屋顶农园与屋顶种植关系紧密，它采用了屋顶种植的构造技术、种植手段或灌溉技术等。屋顶种植的实践活动可以追溯到公元前的庞贝古城，在遗迹考古时曾发现有一座神秘别墅，可能为凯撒里亚（Caesarea）的屋顶花园。在现代语境中，其原型可以追溯到 20 世纪初勒·柯布西耶的设计实践。1925 年，勒·柯布

① Plyler W. “Near-by Nature”：A Logical Framework for Building Integrated Agriculture[D]. Morgantown：West Virginia University，2012.

② 2020 塔是美国国家科学基金项目。该方案采用 VIG 的理念，可与各类建筑的表皮结合。除了农业生产外，还有可再生能源获取装置，已达到能源和农业的自给自足。

西耶在一幢城市住宅的设计方案中，如此描述："住宅 50 平方米，消遣的花园 50 平方米，这花园和这住宅位于地面上，也可高于地面 6 ~ 10 米（在称为"蜂房"的集合体里）。"[①]20 世纪 60—80 年代，欧美很多国家和地区开始探索屋顶绿化相关技术。到 20 世纪末期，欧洲许多国家的屋顶绿化已逐步成为一项产业。[②] 屋顶农园的发展得益于屋顶绿化被广泛接受及技术领域的成熟。

20 世纪末期，关于屋顶农园或其他露天农业种植的设想零星出现在都市农业研究领域和生态城市研究领域。1996 年，劳伦斯·约瑟夫（Lawrence Joseph）在《都市农业：屋顶花园的潜力》（Urban Agriculture：the Potential of Rooftop Gardening）中提出了屋顶农园的可能性。1999 年，詹姆斯·佩茨特（James Petts）在《可食用的建筑：优势，挑战和局限》（Edible buildings：benefits，challenges and limitations）中提出了利用建筑阳台、屋顶、墙体和房前屋后的小型绿地进行农作的方式。[③]2005 年，《连续的生产性都市景观：可持续城市的都市农业设计》（Continuous Productive Urban Landscapes：Designing Urban Agriculture for Sustainable Cities）书中，提到基于建筑屋顶、阳台以及墙面的立体农业种植，在城市人口密度过高时，是补充城市地面农业种植不足的重要手段。[④]2008 年，《养育更好的城市——都市农业推进可持续发展》中，提到利用建筑屋顶等城市立体空间进行都市农业生产的方式。[⑤]

最早的屋顶农园实践可以追溯到 20 世纪 40 年代，彼时在圣彼得堡，开展有屋顶种植蔬菜的活动。目前，基于城市建筑的露天农业种植活动发展迅速。在欠发达国家和地区，屋顶农园等方式主要被用来满足贫困人口的基本食品需求。例如在南美洲或非

---

① 勒·柯布西耶 . 走向新建筑 [M]. 陈志华 译 . 西安：陕西师范大学出版社，2004：218.

② Peck S W，Ca Liaghan C. Greenbacks from Green Roofs：Forming a New Industry in Canada-Status Report on Benefits，Barriers and Opportunities for Green Roof and Vertical Garden Technology Diffusion[R].Ottawa，Ontario：Canada Mortgage and Housing Corporation，1999：12.

③ Petts J. Edible Buildings：Benefits，Challenges And Limitations. Sustain-The Alliance For Better Food And Farming [EB/OL]. 2000. http：//www.sustainweb.org/pdf/edible_buildngs.pdf.

④ Viljoen A. Continuous Productive Urban Landscapes：Designing Urban Agriculture For Sustainable Cities[M]. Oxford：Architectural Press，2005.

⑤ 卢克·穆杰特 . 养育更美好的城市——都市农业推进可持续发展 [M]. 蔡建明，郑艳婷，王妍 译 . 北京：商务印书馆，2008：61.

洲，屋顶农园的种植活动多由城市居民自发进行，或由非营利组织倡导。这些活动不追求高产量的农业生产，而是尽可能地在城市建筑空间种植农作物，以满足人们的基本需求。①② 而在发达国家，屋顶农园的农业种植主要体现了城市居民对有机农产品的追求，或是对“食物里程”的关注。他们希望以屋顶农园的方式，获得健康且具有低“食物里程”的农产品。位于美国芝加哥的非凡土地屋顶农园（2008），被认证为美国第一个有机屋顶农场。而位于美国纽约的布鲁克林屋顶农园（Brooklyn Grange），也称鹰街屋顶农园，是商业化生产的屋顶农园。这些农园不仅为城市提供农产品，还具有宣传和教育的作用。此外，著名的屋顶农园实践活动还有美国费城的盖里未来青少年中心（2006）屋顶农园，美国洛杉矶市的 SYNTHe 绿色屋顶，以及日本东京的表参道屋顶农园等。

基于建筑墙体的农业种植理论研究不多，但实践活动丰富。其中，较为著名的有美国洛杉矶的“生态墙”（Edible Wall），日本的“绿色窗帘”（Green Curtain）计划。这类种植活动与立体绿化关系紧密。例如，“绿色窗帘”计划将苦瓜、豆类作物与藤类植物混合种植，位于建筑采光面外侧，作为夏季遮阳措施。

1.2.5　建筑室内农业种植

建筑学领域中，针对室内空间的农业种植研究并不多见，相关研究主要集中在农业栽培领域。目前，建筑室内种植的研究和实践活动存在两种趋势。一种为室内种植方式，利用人工光照明和温度环境调控技术，用于生产和研究，代表实践活动为日本东京的室内稻田，以及东京地下的水培“西红柿树”；另一种室内种植方式主要利用室外自然光，生产受制于采光条件，实践活动多为城市居民的自发活动，以社区尺度开展的自发性农园最为典型。

1.2.6　国内理论与实践概况

相较于国外的研究探索，国内起步相对较晚，早期的理论

---

① Tabares C M. Hydroponics in Latin America[J]. Urban Agriculture Magazine, 2003（10）: 8.

② Ríos J A. Hydroponics Technologyin Urban Lima-Peru[J]. Urban Agriculture Magazine, 2003（10）: 9-10.

研究多围绕都市农业展开，主要集中于经济地理领域。近年来，实践活动逐渐增多,且开始转向城乡规划和城市设计方面。然而，从建筑学背景出发，基于城市建筑空间的农业生产研究仍较为有限。

2004年，国内生态城市研究领域以“城市垂直农场”的名称引入了垂直农场概念。[①] 随后，在一些科普类杂志中也出现了“摩天农场”或“绿色农场”的介绍。直至2007年，建筑学领域中第一次以“垂直农田”的名称介绍了垂直农场。[②]2010年以后，建筑学领域中关于垂直农场的学位论文、期刊论文以及会议论文开始出现。其中，张睿等人在《城市中心“农业生态建筑”解读》中将垂直农场定义为农业生态建筑，介绍了垂直农场生产和废水、有机废弃物处理再利用的功能。[③] 关于屋顶农园等露天种植方式的建筑农业研究并不多见，主要以国外见闻或国内设计方案介绍出现。

近15年来，尽管国内基于城市建筑的农业实践活动发展迅速，但在操作模式上仍有较大局限，多以屋顶农园为主的露天农业种植形式推进。由于这种露天的农业种植与立体绿化在技术层面差异不大，所以在建筑设计领域逐渐被接受。建筑师们利用屋顶农园代替屋顶绿化，应用于绿色建筑和可持续建筑设计中。在商业开发方面，国内已有屋顶农园研发团队“V-roof”，进行屋顶农园的设计、建造和日常养护活动。[④]

1.3 拟解决问题与相关概念解析

1.3.1 拟解决问题

本书试图寻找一种适于高密度城市的、符合可持续原则的农业与建筑的结合方式。这种方式中的农业生产能够与城市环境融合，利用自然、城市和建筑的资源，为城市提供低能耗的农产品，

① 孙儒泳，城市垂直农场以及其在城市持续发展中的意义 [C]// 生态城市发展方略——国际生态城市建设论坛文集，2004：189-190.

② 刘胜杰．垂直农田 [J]. 城市环境设计，2009（7）：118-121.

③ 张睿，吕衍航．城市中心“农业生态建筑”解读 [J]. 建筑学报，2011（6）：114-115.

④ 高楠．从“空中花园”到“空中菜园”——上海新型屋顶绿化设计研究 [J]. 艺术与设计，2012（6）：89-91.

同时降低建筑运行能耗，达到总体节能。它既不是垂直农场，也不是有屋顶农园或温室的城市建筑，而是以农作物和人作为共同主体的特定的建筑类型。

研究将会涉及两个问题，即研究本体解析和地区差异研究。本体研究方面，首要问题为确定建筑与农业种植一体化的空间构成和作用原理。地区差异则体现为建筑与农业种植一体化的气候性特点，研究内容为建筑与农业种植一体化的运行模式，即建筑农业在一年中的主要运行时段及相应的运行模式。基于上述研究所形成的结论，最终推演出建筑与农业种植一体化的空间形态。

1.3.2　相关概念解析

研究中将会涉及许多概念，包括都市农业、基于城市建筑的农业形式、建筑农业、建筑与农业种植一体化、设施农业、建筑室内环境调控资源。部分概念在前文中已谈及，此处统一进行内涵与外沿的限定。

1）都市农业

都市农业是城市（Urban）范围内的，或靠近城区（Peri-urban）的，以为居民提供优质、安全的农产品和和谐的生态环境为目的的区域性或局部性农业种植。[①]

2）基于城市建筑的农业形式

基于城市建筑的农业形式，是指农业生产与城市建筑空间结合，具体包括垂直农场、屋顶农园、屋顶温室（Rooftop Greenhouse）、竖向温室（Vertically Integrated Greenhouse）、基于建筑墙体的种植、建筑室内农园等类型。

根据各个类型所占据的城市建筑的空间位置，又可分为两大类。其中，垂直农场占用城市建筑的主体空间，是以农业生产为主要功能的建筑类型；其他形式中，农业生产利用建筑的屋顶或立面内外等空间，不影响建筑的正常使用。

3）建筑农业

基于城市建筑的农业种植活动称为建筑农业。本书中的建筑

① Smit J，Ratta A. Nasr J. Urban Agriculture：Food，Jobs，and Sustainable Cities[M] New York：NY Press，1996.

农业生产仅指农业种植活动。建筑农业中种植的农作物种类以不易保存、容易腐坏的蔬菜为主，也包括少量的水果类农作物。

4）建筑与农业种植一体化

建筑与农业种植一体化的概念由特德·卡普洛在 2007 年提出。[①] 他认为，建筑与农业一体化是农业温室（CEA）与建筑的结合，也是生产和建成环境的协同。[②] 其典型系统包括人工环境调节的农业温室（CEA），营养液栽培系统，从建筑采暖、通风和空气调节系统获得余热的装置，以太阳能光伏电板为主的可再生能源获取装置和雨水收集设施。

本书中的建筑与农业种植一体化，指农业种植生产与城市一般性建筑的结合。其中，城市一般性建筑是指包括公共建筑和居住建筑在内的各类建筑。而农业生产包括露天种植、日光温室、温室大棚和人工环境调节温室在内的方式。

5）设施农业

设施农业，指用于农作物种植的设施园艺。按照它对环境的控制能力分为人工环境调控温室、节能型日光温室、温室大棚等。人工环境调控温室一般是联栋的温室，由纤细骨架和透明表皮构成，采用湿帘通风、采暖设备、遮阳卷帘、保温层和人工照明设施调节室内温度、光照和湿度环境。温室由计算机监测、控制农作物生长环境。节能型日光温室是中国北方特有的温室类型。这种温室一般东西横置，北侧为砖墙或土墙，南侧有拱形或折形的骨架，由透光材质覆盖。温室基于温室效应积聚热量，主动采暖或间歇采暖。温室大棚一般为拱形，由透明材料覆盖，主要用于自然界温度略低于农作物需求的地区和时段，也用于抵御冻雨、台风或暴雨。

6）建筑室内环境调控资源

建筑室内环境调控是指建筑采取的采暖、通风和空调降温等措施，使室内环境温度保持在一定范围的方式。而建筑室内环境调控资源则指调控措施下的可用于农业生产的室内环境条件。

---

① Caplow T. Nelkin J. Building-Integrated Greenhouse Systems for Low Energy Cooling[C]// 2nd PALENC Conference and 28th AIVC Conference on Building Low Energy Cooling and Advanced Ventilation Technologies in the 21st Century，Crete island，Greece，2007：172-176.

② Caplow T. Building Integrated Agriculture：Philosophy and Practice[R]// the Heinrich Böll Foundation. Urban Futures 2030：Urban Development and Urban Lifestyles of the Future，Germany，2010：54-58.

1.4　研究意义

如前文所述，建筑与农业种植一体化的研究是为了应对当代的城市环境与农业生产问题，故而研究成果的应用前景和社会反响是重要评价要素。此外，作为前沿的学科交叉问题，应完成理论框架的梳理和关键问题的提出，以对后续研究和实践进行指导。

1.4.1　理论层面

已有研究中，农业种植与城市建筑的结合主要有两类趋向。第一类，以垂直农业为代表。这种方式中的农业种植采取高水平的“植物工厂”技术，对自然光照等外部环境要素的要求并不高。这种发展模式将城市建筑视为农业种植生产的容器，并不关注建筑中的其他资源要素。第二类，以屋顶农园和屋顶温室为代表。采取与地面农业基本相同的种植手段和技术，利用城市建筑主体空间之外的屋顶、墙体等位置。这种方式中的农业种植一般作为建筑的附属品出现。

本书关注建筑与农业种植一体化的空间形态，试图在空间认知和综合利用模式方面有所创新。研究将建筑中的人和农作物作为同等重要的两个并置主体，将农业种植空间和城市建筑空间视为一个整体，采取建筑空间手段，利用建筑室内环境调控措施资源，提高农业生产的空间和能源效率，并借助农业种植空间保护建筑室内环境，达到二者整体的节能诉求。故而，研究突破了农学与建筑学的学科边界，也打破了建筑中以人为单一主体的思维定式。

1.4.2　实践层面

近年来，依托城市或建筑空间的农业实践活动日渐丰富，但大多数农业种植都基于现有建筑进行增建，农业种植与城市建筑之间关系松散，缺乏结构性的连接，农业生产效率不高，农业种植保护建筑的效果并不明显。

建筑与农业种植一体化可以实现农业种植与城市建筑的高度整合。种植活动不占用城市土地，适用于人口密度大、建筑密度高的城市。农业生产位于城市范围内，农产品的产地与消费者餐桌距离减少，“食物里程”大幅降低。而在农业生产中，城市建筑不仅为种植提供空间，还提供建筑室内环境调控资源和空间利用手段，降低生产能耗，提高空间效率和能源效率。此外，农业种植与建筑结合，保护建筑少受或不受不利天气的影响，降低建筑运行能耗。

本书为对实践活动提供支撑，将对建筑与农业种植一体化的空间构成、作用原理、运行模式、作用机制、空间形态等方面展开阐述。具体而言，包括理想情况下的建筑与农业种植一体化空间形态，基于现有建筑的农业种植空间改良措施研究。研究成果可以用于各地建筑与农业种植一体化运行模式判断，也可用于此类建筑设计策划，还可以作为现有建筑农业种植空间更新和改造设计的基础。

1.5 研究维度

关于“建筑与农业种植一体化”的相关问题，其内涵和外延相当广，既涉及多个学科的交叉和融合，亦在具体的理论、方法、策略等方面，因气候环境、地域习俗、技术手段而呈现出特定的发展转向。本书将从学科融合、案例研究、实证调查、文献解读、实验统计等维度逐一展开。

1.5.1 学科融合

目前，建筑与农业种植一体化的空间形态研究，主要以建筑学和农学为基础，此外还涉及生态学、环境科学、社会学、城乡规划学和风景园林学等学科，并不断融合发展形成新的研究方向。

我国以往的研究和实践活动，大多由生态学和建筑学的相关学者主导，导致了农业种植技术与城市或建筑空间结合的“不良反应”。为了建立以人和农作物为主体的建筑与农业种植一体化空间体系，本书始终秉承学科融合的研究理念和方法，以问题为导向，辅之以必要的技术手段。研究中，比较人和农作物的生理需求，了解和判断建筑农业生产的目的和要求，将农作物和人对空间尺度、空间形式、表面材质和构造的需求共同作为研究目的。

1.5.2 案例研究

案例研究的内容主要体现于第二章，以建筑与农业种植一体化的类型特征、关键技术、应用趋势等作为线索，对国内外较为前沿的建筑与农业种植一体化实践活动进行解析。农业种植与城市建筑结合方式多样，形式繁复。既往研究没有对这些形式建立统一、整体的认知。本书运用实例解析和归纳演绎的方式，对这些建筑农业与建筑结合方式进行分类，并提炼出它们的异同点。通过对它们差异的解析，提出其农业生产特性和农业种植对建筑的影响，以此作为后续研究的基础。

1.5.3 实证调查

实证调查的部分主要集中于第三章，包括建筑与农业种植一体化的空间构成、作用原理、运行模式等内容。为了增加对设施农业和农业栽培技术等相关知识的了解和认知，笔者在研究过程中实地调研了北京、天津地区的温室农业和设施农业生产，了解它们在运行、运营和商业发展方面的基本情况。此外，为了解北京地区建筑农业实践活动的具体情况，追寻其中的问题，还对当地建筑农业实践参与者和活动组织者进行了访谈，以建立建筑与农业种植一体化空间和使用者之间的联系。

1.5.4 文献解读

文献解读是建筑与农业种植一体化运行模式及其判断机制研究的基础，主要用于第三章和第四章。本书通过文献检索与梳理，确定了以既有建筑的综合利用为切入点，总结不同气候环境条件下的城市建筑空间和农业生产特征。在对实践类型和已有数据进行全面收集和整理的基础上，进一步强化对特定建筑气候区划的文献研究，涵盖北京市、上海市和海口市，针对各类区域[①]的建

① 北京市、上海市和海口市在《建筑气候区划标准》（GB 50178-93）和“农业气候区划”中分属不同区域。

筑空间需求、当地农业生产方式、设施农业生产需求等因素进行归纳。

1.5.5 实验统计

实验统计是本书最关键的部分，主要反映在第五章的光照测量实验，以及第六章的温度测量实验。实验是验证理论设想和实证判断的重要环节，并有利于反映出模型建构中无法体现的问题。通过多次连续实验，有助于对理论框架和模型进行修正，最终得到具有可操作性的结论。本书中以特定地区（北京地区城市集合住宅）和空间位置（建筑室内和封闭阳台内部）的光照环境、温度环境测量实验，验证该地区建筑室内和阳台空间是否适宜建筑农业生产，并根据测量分析结果提出空间改进措施和途径。

第二章
城市中的建筑农业

安德烈·维尔荣（Andre Viljoen）和卡特琳·博恩（Katrin Bohn）在《连续的都市农业景观：可持续城市的都市农业设计》中，如此描述“建筑农业”：它是基于建筑的“立体农业”。在城市人口密度高、对农产品需求量大的地区，有限的土地所生产的农产品往往不能满足需求，此时建筑农业这种生产方式可以为城市提供农产品。[①]

2.1 建筑农业类型及特征

建筑农业形式多样，包括垂直农场（Vertical Farm）、屋顶农园、屋顶温室（Rooftop Greenhouse）、竖向温室（Vertically Integrated Agriculture）、基于建筑立面的种植（绿幕和种植墙）以及建筑室内农园等。根据各自所占用的城市建筑的空间位置，可大致分为两种类型：一种以垂直农场为代表，占用城市建筑的主体空间，是以农业生产为主要功能的建筑类型；另一种则是其他的建筑农业类型，将农业种植与城市一般性建筑进行适度结合，充分利用建筑的屋顶或立面内外等闲置空间，不影响建筑的正常使用。

2.1.1 垂直农场

1）概念与功能

根据前文所述，垂直种植的概念早已有之，然而“垂直农场”作为独立完整的建筑农业类别，则是由美国哥伦比亚大学的微生物学和生态学者迪克森·德波米耶于1999年所提出，并进行了详尽的阐述。他认为，垂直农场是城市中的大规模农业生产，抑或是摩天大楼里的农场。[②]垂直农场的主要功能为农作物种植，生产的农产品类别丰富，包括蔬菜、水果、菌类和藻类。农场的农作物种植环境由计算机监控，人工调控温室内光照、温度、相

① Viljoen A，Bohn K. Continuous Productive Urban Landscapes：Designing Urban Agriculture for Sustainable Cities[M]. Oxford：Architectural Press，2005. 中译本《连贯式生产性城市景观》2015年由中国建筑工业出版社出版。

② Despommier D. The Vertical Farm：Feeding the World in the 21st Century[M]. New York：Thomas Dunne Books，2010.

对空气湿度和二氧化碳浓度等因素，通过补充光照、调控温度等技术手段，使其始终满足农作物需求，全年不间断生产。农作物种植采用营养液水培和雾培技术，利用立体的栽培设施，可以实现节水、节地的高效生产。

在迪克森·德波米耶看来，垂直农场具有充足的生产能力，例如一座 30 层高的垂直农场，只需占用曼哈顿一个街区的土地，就可以满足多达 5 万人的生活需求。[①] 此外，垂直农场还兼有处理城市有机废水和废弃物的功能，其中有机废弃物以厨余垃圾为主，也包括农业废弃物等。农场利用生物质能处理技术和水处理技术，收集、处理农场周边的有机废弃物和废水，通过发酵处理，获得的能量（以甲烷为主）用于农场运转，同时还可以获得饮用水并返还给城市。

垂直农场不仅能够积极应对粮食安全和“食物里程”问题，还有利于城市生态环境改善。垂直农场生产处于封闭环境中，与露天农作物种植业相比，它受病虫害、恶劣天气和气候变迁的影响较小，可实现连续生产，从而为所在城市持续、稳定地提供农产品。而且，农场具有高效的生产方式，使得其产量远高于传统的地面农业生产。根据迪克森·德波米耶的分析，在理想情况下，如果充分利用垂直农场进行生产，不仅可以满足全球人口的食品需求，解决粮食安全危机，甚至可以在某种程度上替代传统农业。如果还能够与“退耕还林”措施相结合，将现有耕地恢复为自然地，可以进一步增加生态系统的强度和韧性。

垂直农场位于城市中心，不仅能为城市居民供应低“食物里程”的农产品，还可以资源化处理有机废弃物和废水，减少城市排放到周边地区的废弃物和废水。现代城市积聚来自周边地区的能源和食品，将产生的垃圾返还给这些地区，是生态系统中的“消费者”角色。垂直农场资源化处理这些废弃物，相当于“分解者”的角色，而农场的农业生产功能使它又具有了“生产者”的身份。垂直农场在一定程度上连接了城市断裂的物质循环，在不同维度构建起城市环境的物质循环系统（图 2-1）。

---

① Wagner C G. Vertical Farming：An Idea Whose Time Has Come Back[J]. The Futurist. 2010，44（2），68-69.

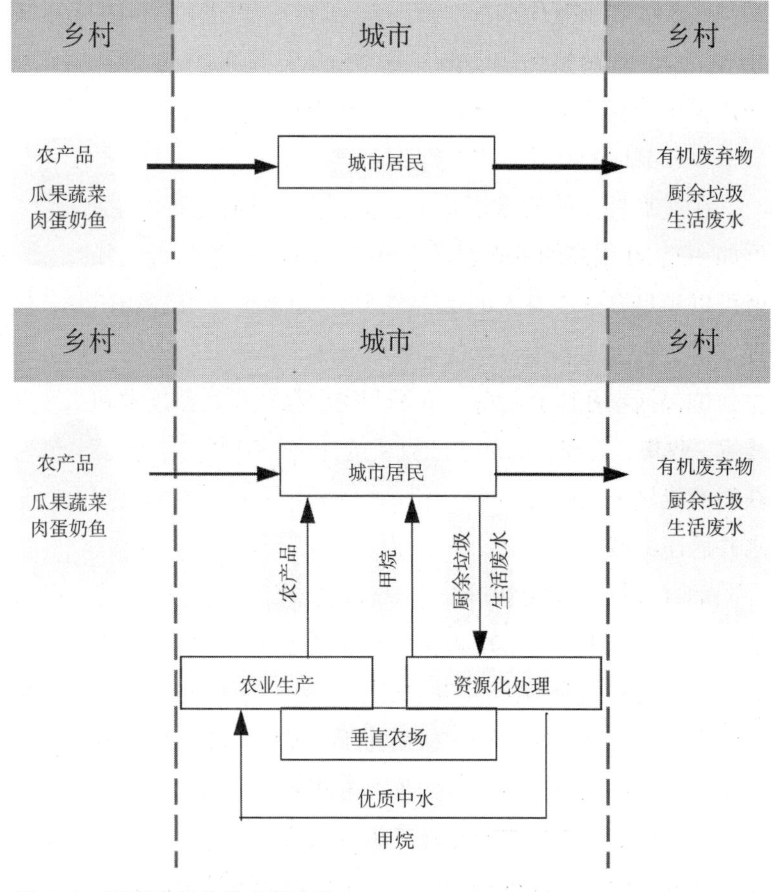

图 2-1 垂直农场的生态学功能

来源：作者自绘

2）空间实践

垂直农场的概念一经提出，便很快引起了建筑师和规划师的关注。不同国家或地区的城市和建筑领域的专业人士行动起来，将垂直农场置于城市语境下，探寻农场与城市的内在关联。为了充分发挥垂直农场高效生产和提供低“食物里程”农产品的优点，研究者们发掘城市中可利用的资源，确定垂直农场在城市中最恰当的位置。此外，他们充分利用垂直农场农业生产和资源化处理的功能，使垂直农场担任城市生态系统中的“生产者”和“分解者”角色，进而成为城市中不可或缺的功能单元。

迪克森·德波米耶在提出概念及相关理论的同时，与克里斯·雅各布斯（Chris Jacobs）合作设计了“原型垂直农场”，通

图 2–2 原型垂直农场
来源：http：//www.verticalfarm.com/

过空间实践的方式进一步拓展其应用（图 2-2）。这个垂直农场是一个圆柱形建筑，共有 30 层，每层功能相似。农场采用环境控制技术，以人工照明和温度调节措施满足农作物光照和温度需求，并在建筑中设置可再生能源获取装置，获得的能源用于农场运转。建筑设计方案采用了圆形平面，体现其独立性和自洽性，说明所处城市周边环境、自然界光照或温度条件不会影响建筑内部的功能运转，突出了垂直农场依赖环境技术生产的特点，也揭示了垂直农场存在的问题——巨大的能耗和未知的生态效益。有农业专家提出，为满足农作物需求，垂直农场中的光照强度应是办公建筑的 100 倍。[①] 由此可以推断，其照明所需能耗是巨大的。而照明能耗仅仅是农场能耗的一部分，此外还有温室温度调控、栽培设施运转等需求。一直以来，垂直农场的能耗问题是阻碍它广泛推广和实施的主要原因之一。

针对垂直农场因农业环境控制技术而导致的高能耗问题，专家学者希望通过充分利用自然资源和城市资源完成优化。蒂法妮·布罗伊尔斯提出，垂直农场应积极利用自然光，以减少人工光照的使用。同时，她认为垂直农场应对所处地区的气候条件和太阳辐射资源有所回应，积极利用被动式太阳能技术，调节室内温度，减少农场温度调控的能源需求。[②] 不仅如此，由于垂直农场创新地将农业生产与摩天大楼结合，提出了新的可持续建筑设计方向，又具有巨大的发挥空间，吸引了众多建筑师的参与，近年来基于垂直农场概念的设计方案层出不穷。其中，以自然光照替代垂直农场中的人工照明，是降低农场运行能耗最有效的方式。例如“球形垂直农场”，该方案由瑞典普兰塔贡事务所设计。农场接近正球形，由小块的直面玻璃拼合而成。球形表面玻璃角度的计算方式和玻璃分割、拼合方式遵循球面几何学原理，由建筑所在纬度和海拔高度决定[③]，以最大限度获取自然光照。

此外，亦有专家从垂直农场和周边社区的关系切入进行探讨。澳大利亚昆士兰州理工大学的奥利弗·福斯特（Oliver Foster）设计出了“O 型垂直农场”。他认为，垂直农场在城市中的位置与城市人口密度相关，故而应当设置在城市人口密集地区，这时农场服务的城市居民数量更多，降低农产品“食物里程”的效果更明显，发挥的作用更大。

无独有偶，“生态实验室”（Eco-Laboratory）利用自身的水处理功能，服务周边社区，融入城市环境（图 2-3）。该方案由韦

---

① 由于垂直农场基本采用了“植物工厂”的农业生产方式，所以关于农场生产用能分配参考了《植物工厂概论》一书中光照、温度等因素的能耗分配。

② Broyles T D. Defining the Architectural Typology of the Urban Farm，[C]//Conference on Passive and Low Energy Architecture，Dublin，2008.

③ Poole R. High-Rise Hopes Vertical Farming Paves Way for Future of Agriculture[J/OL]. Engineering and Technology，2011（10）：64-65. http：//eandt.theiet.org/magazine/2011/10/high-rise-hopes.cfm.

图 2-3　生态实验室鸟瞰
来源：Weber Thompson

伯·汤普森建筑事务所设计。建筑位于设计地段的边缘，地段中部有湿地和果树林。垂直农场的有机废水处理系统与场地中的湿地结合，处理生活污水，收集、处理雨水。[1] 生活污水通过发酵处理，转化为富营养中水后，用于农作物营养液栽培。中水通过沉淀器和湿地系统净化后，成为优质中水，用于生活用水。优质中水和雨水通过紫外线净化器转化为可饮用水，提供给建筑和周边社区（图 2-4）。

“生态实验室”是一个综合型建筑，内部有低收入人群保障住房、无家可归人社区、职业培训中心、卫生站、都市农业教育中心和市场等功能，农业种植仅占用建筑的小部分空间。生态实

① Eco-Laboratory. http：//weberthompson.com/projects/319?tag=Innovation+%26+Research，2014-01-11.

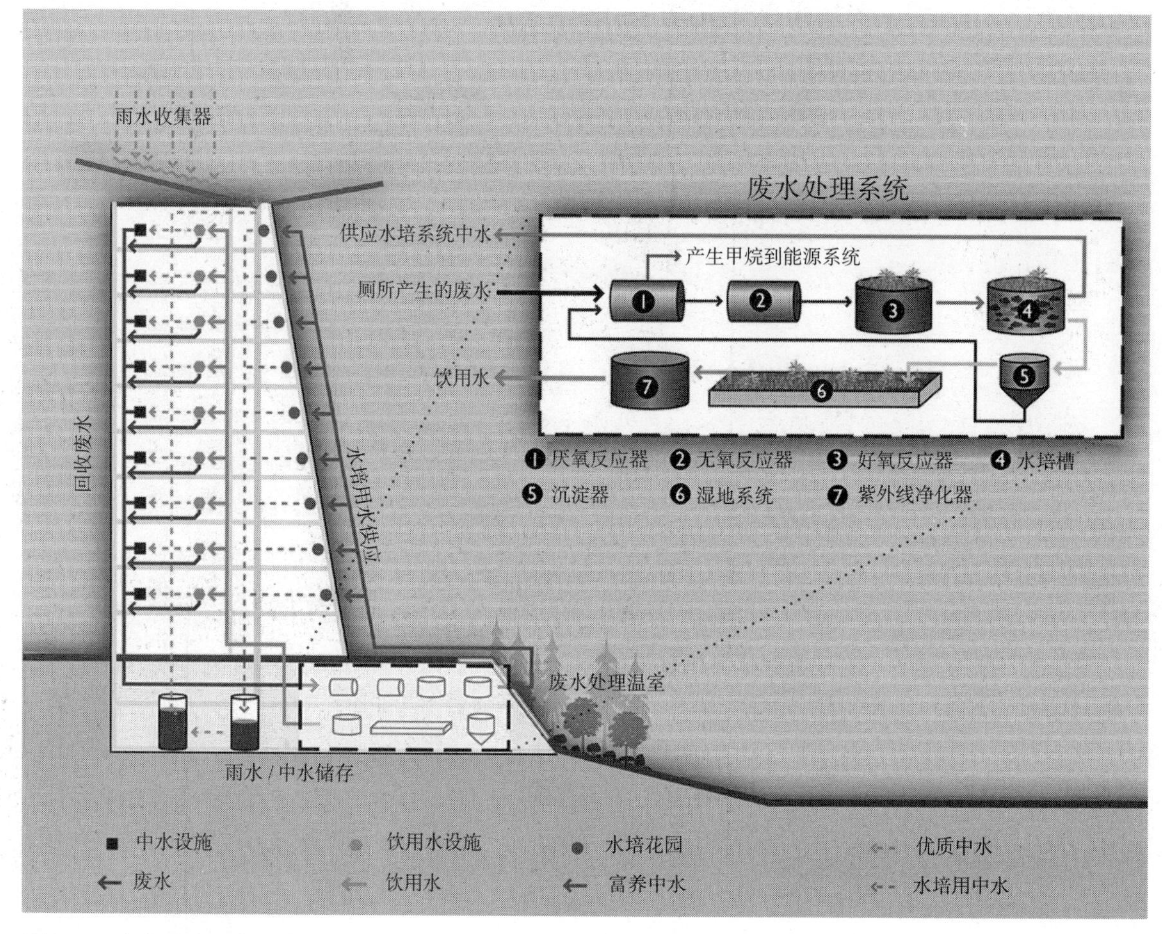

图 2–4　生态实验室水系统
来源：Weber Thompson，作者翻译

验室的设计体现了农业种植空间与城市一般性建筑结合的可能性。在这个设计中，建筑平面为 L 形，农业种植空间建筑内侧，分列建筑两翼的南向和东向，是北半球中光照条件最利于农业种植的朝向。而建筑中光照条件较差的一侧则用于科研或办公。由于农业种植空间为单侧采光，所以种植空间的进深不大，使自然光尽可能地覆盖整个种植空间。种植空间是复合型空间，除了农业生产外，它还具有公共走廊和共享空间的功能。

在整合社区的基础上，复合程度更高的城市综合体类型的方案应运而生，其中最具代表性的便是“绿色收获计划”（Harvest Green Project）大楼。（图 2-5）该项目由加拿大罗姆斯建筑事务所设计（2009），建筑师提出垂直农场与城市轨道交通结合的模式。

图 2–5　“绿色收获计划”大楼
来源：罗姆斯建筑事务所

在这个设计中，垂直农场建筑处于地铁站正上方。城市轨道交通是低碳的出行方式，农场与地铁站结合，鼓励消费者乘坐轨道交通出行，减少了消费者购买、消费农产品的出行能耗，降低了农产品的“食物里程”。

“绿色收获计划”包括地下 3 层，地上 21 层。从形体上看，建筑由基座和 3 个高矮不一的“塔”组成。其中，高塔的主要功

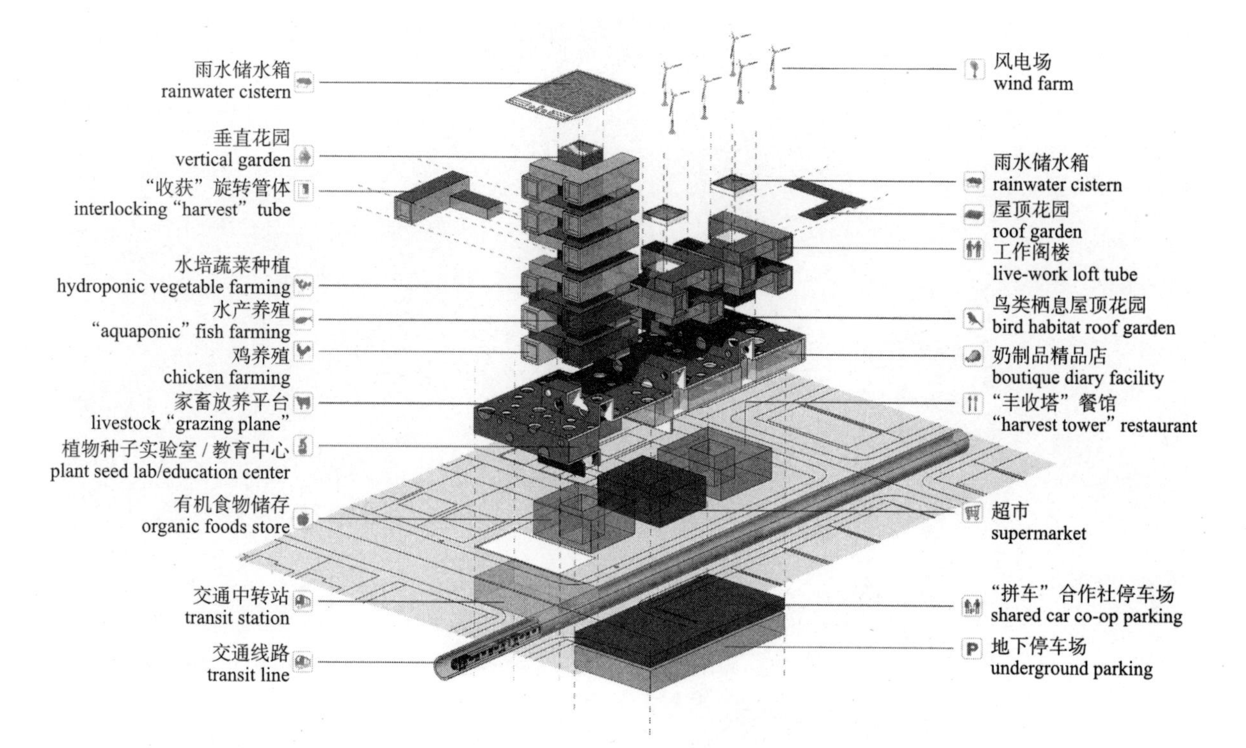

图 2-6　绿色收获计划功能图

来源：罗姆斯事务所，作者翻译

能为农业生产，由上至下的功能分别为蔬菜种植、渔业和鸡养殖；较低两个塔的主要功能为居住和工作。建筑基座内功能包括科研教育、餐饮和商业等（图 2-6）。设计方案位于城郊，为了能获得充足的光照，农业种植功能被放置在建筑最高处。塔体的基本构成单元是一个平面为 L 形的转体，转体一边的高度是另一边的两倍。当转体在垂直方向以 90° 旋转堆叠时，形体上下有了间隙。转体内的种植空间，正是通过间隙从顶部获得自然光，满足农作物的光照需求。

已有的垂直农场实践中，在建筑中光照条件较好的位置种植农作物，光照条件一般的位置布置其他功能，合理利用自然光照资源。在上述空间实践案例中，“球形垂直农场”通过改良建筑的透光特性，获得适宜的光照，但这种农场形式对环境要求较高——它需要不受建筑遮挡的城市空地；“绿色收获计划”建筑中的种植单元，通过调整自身形态，以获得自然光，然而仍有部分空间需要人工光补充照明；“生态实验室”则将农业种植空间与城市一般性建筑结合。

3）问题与预期

近十多年来，垂直农场在建筑领域中的研究和实践备受关注，基于此概念的设计方案也层出不穷，但目前仍没有真正意义的、商业化生产的农场实践。一些被称为“垂直农场”的建筑往往是小型的科研建筑，或是采用环境控制技术的单层、大尺度温室。实际上，垂直农场涉及的农业种植、环境控制和资源化处理技术均已成熟，并不存在技术壁垒，真正阻碍实践的是其巨大的运行能耗。将自然光引入垂直农场，替代人工光照，利用被动式太阳能技术调节温室内温度，能有效降低垂直农场能耗。然而达到这一目标的前提是农业种植空间能够获得满足农作物需求的光照强度和日照时间。

垂直农场处于高密度的城市环境中，在这里，建筑易于相互遮挡，种植空间只有占据城市建筑中足够高的位置和较好的朝向，才能免受影响，获得充足光照。实际上，在城市中能够满足这一条件的地段非常有限。所以，垂直农场技术实现低能耗运转目标的前提条件，是与城市一般性建筑结合，农业种植空间占据其中光照条件最优的位置，并非作为一个独立的农业生产建筑。

2.1.2　基于城市建筑的农业种植

农业生产与城市中的一般性建筑[①]结合时，农业种植活动多位于建筑的屋顶、墙外等空间，不影响建筑原本的功能使用。建筑农业生产对建筑类型并无特别要求，但是建筑及所处区域应满足种植活动对环境卫生的要求。根据农业种植活动所处的空间位置，与城市建筑结合的农业种植可以分为两类：一类位于建筑屋顶，包括屋顶露天农园和屋顶温室；另一类则位于建筑立面内外，包括竖向温室，基于建筑立面的种植和建筑室内农园等（图 2-7）。

1）屋顶上的建筑农业

屋顶上的建筑农业包括两类，即屋顶农园和屋顶温室。绝大多数情况下，屋顶农园和屋顶温室都建造在平屋顶上，与地面农业的生产方式类似。在各类建筑农业中，这两类的生产规模最大，

① 本书中所指城市一般性建筑，包括居住建筑和各类公共建筑。

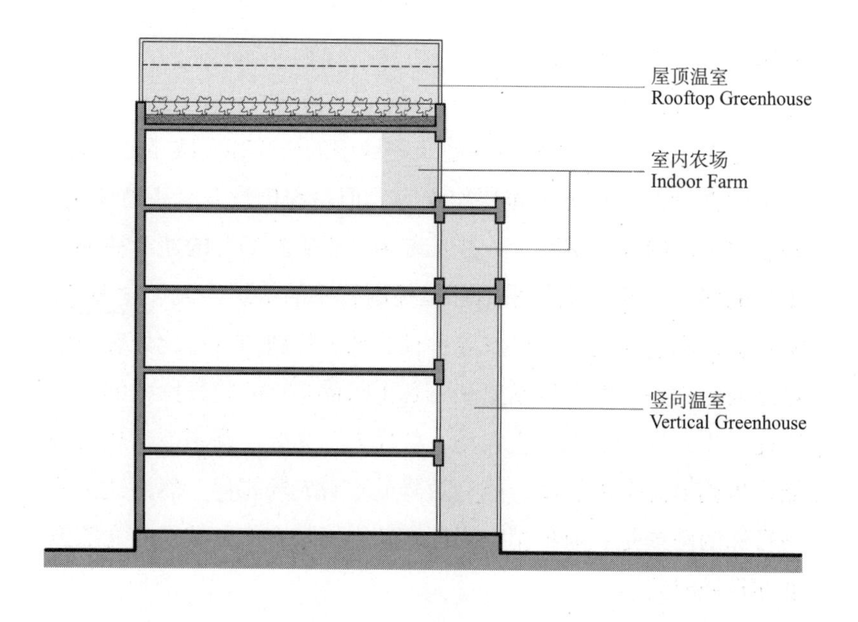

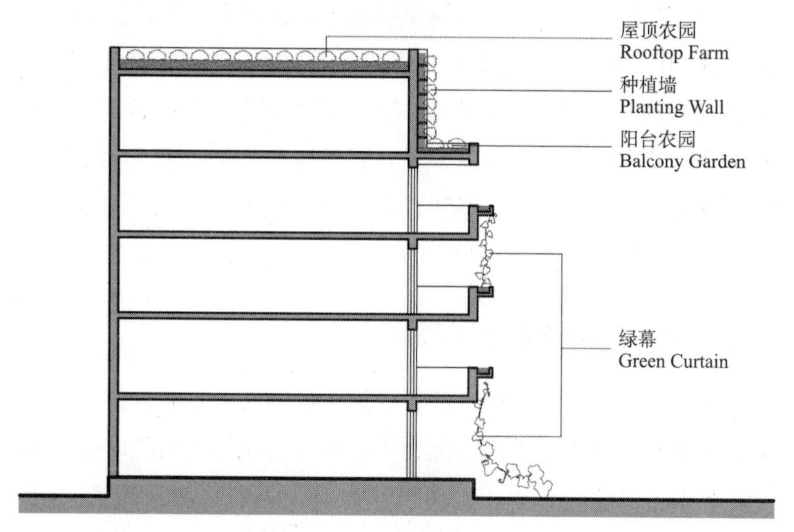

图 2–7　基于城市一般性建筑的农业种植类型
来源：作者自绘

且实践活动分布最为广泛。

（1）屋顶农园，是最为常见的建筑农业形式。农园在建筑屋顶上露天种植农作物，主要包括蔬菜、水果和草药等。实践中，屋顶农园主要采用栽培容器种植和屋顶整体覆土种植两种方式。当采用整体覆土方式时，需构建过滤层、排蓄水层和防水阻根层，防止农作物根系破坏建筑防水层。由于屋顶农园兼具城市立体绿化的功能，实践中，除农作物外，一些屋顶农园中也种植景观植物，

图 2-8　SYNTHe 绿色屋顶农园
来源：http：//archpaper.com/

用以提升城市景观效果。例如位于美国洛杉矶的 SYNTHe 绿色屋顶农园（SYNTHe Green Roof），正是这一类型（图 2-8）。在这个案例中，农园近 1/3 的面积用于景观植物种植，还设计、建造了巨大的“栽培容器”——一个类似农田“陇道”的波纹形的金属板。波纹板的曲线形凹槽里填充基质，种植农作物和景观植物，波纹板下方是建筑通风等设备。波纹板构筑的整体栽培容器起到了丰富城市建筑第五立面景观的作用。

由于屋顶农园采取露天种植方式，农作物的生长环境很大程度上会受到自然气候和天气因素的影响。受限于气候环境要素，农园适宜露天生产的时间有限。例如美国纽约的布鲁克林农场，处于温带，适宜露天农业生产的季节包括春、夏、秋三季。在这一时段中，屋顶农园可以种植西红柿、生菜、茴香、香草、豆类和萝卜等。到了冬季，由于环境温度过低，屋顶农园只能用于种植黑麦和荞麦等耐寒农作物，用以覆盖屋顶并保护土壤。

当然，屋顶农园和气候环境的关系也有例外。由于农园位于建筑屋顶，当建筑室内采取采暖或空调措施时，农园的土壤和农作物吸收建筑散热，抵抗严寒或炎热天气。位于美国芝加哥的盖

图 2–9 盖里青少年中心屋顶农园
来源：http：//lafoundation.org/

里青少年中心（Gary Comer Youth Center），其屋顶农园的应用正是基于这一原理（图 2-9）。该农园处于温带，这里冬季寒冷，本不适宜露天农业种植。但农园位于建筑顶层内院，冬季建筑采暖时，农园下方和四周的建筑围合面散发热量，同时四周建筑立面的玻璃反射太阳光辐射，共同提高农园土壤层、农作物和环境空气温度，使农园得以在寒冷的冬季继续生产。建筑散热用于农园生产，能延长农作物适宜露天生长时间，而农园本身也能帮助建筑抵御不利气候和天气因素的影响。屋顶农园的农作物和土壤层（或营养液设施）协力作用，增加建筑围合面的隔热和保温能力。在夏季，农作物和土壤层（或营养液）阻挡太阳光辐射达到建筑屋顶，降低建筑表面和室内温度；在冬季，它们阻碍冷空气对建筑表面的侵袭，提高建筑室内温度。当建筑采取相同的采暖或降温措施时，有屋顶农园的建筑室内空间达到人体舒适温度时的能耗，要低于没有设置农园的建筑。

除了建筑物理环境，还应当考虑建筑结构方面的影响。当农园与建筑相结合，在建筑顶部构建屋顶农园时，不可避免地增加了建筑荷载。若屋顶农园采用土壤栽培方式，其构造层、土壤层和农作物是新增荷载的主要来源；若屋顶农园采用营养液栽培方式，栽培设施、营养液和农作物是新增荷载的主要来源。目前屋顶农园的实践活动大多基于城市建成环境，所以建造农园时，需对建筑进行承重结构核算，一些建筑还需要进行结构加固，或进行承重结构改造以满足农园新增荷载的需求。例如美国芝加哥的非凡土地餐厅（Uncommon Ground Restaurant），在农园建造之前专门加固了建筑承重的石墙，并增加了钢骨架，以共同承担屋顶农园的重量。而一些建筑的承重能力有限，在不改造其结构的条件下建造屋顶农园，需要通过采用轻质土壤、建造材料和采取产生荷载较小的灌溉方式来控制屋顶农园荷载。前文提及的SYNTHe绿色屋顶农园正是这一类型，其不仅采用轻质的铝板构筑了数条“细长”的栽培槽，控制种植基质的体积以降低重量，还采用滴灌的方式，控制农园整体荷载。实际上，为了控制农园的建筑荷载，大多数屋顶农园都采用轻质土壤。当然，也有一些建筑本身承重能力出众，能够满足农园需求。布鲁克林农场便是如此，农园位于仓库建筑的顶部，建筑主体采用钢筋混凝土结构。在建造过程中，尽管面积约为3716m^{2}的屋顶上增加了重达544t的荷载，包括石块、肥料、土壤等，建筑承重结构仍然可以正常使用而无须改造（图2-10）。

屋顶农园的农产品分配和销售遵循都市农业就近消费的原则。它们一般委托本地农产品超市销售收获的蔬菜、水果，或采取“社区支持农业”(Community Support Agriculture,CSA)的方式，将农产品销往附近社区。以非凡土地餐厅为代表的餐饮建筑则选择“自产自销”,将屋顶农园中收获的农产品用于餐厅经营。此外，屋顶农园还可以采用租赁小块“菜地”的方式，预售农产品和服务，日本的表参道屋顶农园和香港的妈妈屋顶农园都采用这种方式。农园拥有者采用大型栽培箱种植农作物，在屋顶上布置多块“菜地”，他们租赁“菜地”给城市居民换取租金，而居民支付租金，参加农作获得农产品（图2-11）。

图 2-10　布鲁克林农场
来源：http：//blog.sina.com.cn

图 2-11　表参道屋顶农园
来源：http：//tokyogreenspace.com

（2）屋顶温室，即在建筑屋顶上构筑农业生产温室。屋顶温室系统包括，采用自动控制、人工调控环境因子的农业温室（CEA），无土栽培系统，从建筑采暖、通风和空气调节系统获得余热的装置，太阳能光伏电板，或其他可再生能源装置和雨水收集系统等。

屋顶温室是采用自动控制、人工调节农作物生长因子的农业温室。这种温室不仅能够基于温室效应积聚热量、调节室内温度，还采用计算机监控、人工手段调节包括光照、温度等温室环境因素，在不利于农业生产的季节、气候或天气中，摆脱自然环境的约束，创造适宜农作物生产的环境，以保证持续生产。温室采用的环境控制技术与垂直农场相近，但是屋顶温室依靠自然光照生产，其运行能耗低于垂直农场。此外，温室内的农作物采用无土栽培技术，以水培和基质栽培的方式，采用立体的栽培架种植农作物。屋顶温室循环使用营养液，并利用立体栽培架生产，在生产单位重量农产品时，其用水量为传统农业的 1/10，占用土地为传统农业的 1/20。[①] 这种温室具有较高的生产能力，且全年运转，能稳定地为城市提供农产品。

温室的环境调控设施和生产设施运转产生能耗，而农业生产有持续的用水需求。为了降低温室对城市环境、能源供应和用水的影响，屋顶温室一般配备可再生能源获取装置和雨水集水、处理系统，以达到能源和水的自给自足。实践中，包括科研、展示和商业化生产等不同用途的大部分屋顶温室都配备了上述设施。例如美国纽约的“科学驳船”（The Science Barge）农园，是一座独立的“水上孤岛”温室系统，它完全脱离城市环境，以这一极端的方式，证明了屋顶温室配备的可再生能源和雨水能够满足需求。“科学驳船”采用太阳能光伏电板、风电机和生物质能处理装置获取可再生能源，能源满足温室的需求。雨水收集装置获得的水，满足营养液栽培的用水需求。

同样位于美国纽约的哥谭镇绿地（Gotham Greens）温室，是美国第一座商业化生产的屋顶温室，也配备了可再生能源系统。温室总面积约为 1115m^2，屋顶上设置了面积约为 186m^2 的太阳能光伏电板，这些光伏电板以每年 55kW 的功率为温室供能（图 2-12）。在该地区还有一座曼哈顿小学屋顶温室，位于三层教学楼的顶层，配备有雨水收集系统。温室面积约为 139.4m^2，建筑屋顶上设置了 2 个雨水收集罐，总体积约为 2.7m^3，基本满足温

① Gotham Greens[EB/OL]. http：//www.businessinsider.com/gotham-greens-2011-7?op=1.

图 2–12 哥谭镇绿地屋顶温室
来源：http：//gothamgreens.com/

室生产需求。

与屋顶农园类似，屋顶温室的运行中也利用建筑室内采暖、通风和空气调节余热。[①②] 而屋顶温室不仅仅利用建筑屋顶表面散热，还可以利用冷凝器储存建筑内的热量。[③] 此外，针对屋顶温室与城市建筑结合，还有更为积极的设想。由于温室采用湿帘通风的方式，在室外温度较高时，降低温室内空气温度提高空气相对湿度。基于这一特性，卡普洛和内尔金提出，如果将温室与下方建筑空气连通，可以利用湿帘这一低能耗措施，降低温室和建筑室内的温度。具体过程为，温室与建筑的空气连通条件下，室外空气经由湿帘进入温室时（温室表皮附近），空气温度降低

① Caplow T，Nelkin J. Building-Integrated Greenhouse Systems for Low Energy Cooling[C]//2nd PALENC Conference and 28th AIVC Conference on Building Low Energy Cooling and Advanced Ventilation Technologies in the 21st Century，Crete island，Greece，2007：172-176.

② Delor M. Current State of Building-Integrated Agriculture，Its Energy Benefits and Comparison with Green Roofs[R]. 2011. http：//e-futures.group.shef.ac.uk/page/publications/author/35/category/9.

③ http：//www.kisscathcart.com/rooftop_greenhouse/program.html .

而相对湿度增加。空气停留在温室内时，其温度略上升而相对湿度下降，达到人体感舒适的范围。这时，基于热空气上升、冷空气下降的原理，这些处于人体感舒适范围的空气进入建筑空间内，在室内停留一段时间后，废气排出建筑。①

2）建筑立面内外的建筑农业

与建筑立面内外相结合的农业形式主要有三类，包括基于建筑立面的种植、竖向温室和建筑室内农园。与屋顶农园和屋顶温室相比，这三种建筑农业的生产能力较弱，但是与建筑的关系更为紧密。

（1）基于建筑立面的种植，一般位于建筑墙体的外侧，是利用建筑室外立体空间的农业种植方式。根据农作物与建筑立面的相对关系，立体种植可分为两类。一类中，农作物种植正对建筑门、窗、洞口或外廊等采光面，以枝叶藤蔓为“窗帘”，另一类中，农作物栽培容器固定于建筑墙体。这两种方式所采用的技术大多源于立体绿化。② 正对采光面的立体种植，一般在门窗下方构造栽培槽，种植藤类农作物，利用农作物藤蔓和枝叶遮挡室外自然光（图 2-13-a）。采用这种种植方式，不仅能提供农产品，还能为建筑室内遮光降温，该方式简称为“绿幕”。自 2007 年起，日本开展了“绿色窗帘”（Green Curtain）计划，在部分住宅、学校和办公建筑的窗外种植牵牛花、苦瓜、黄瓜、豆角等藤类植物，形成了绿色幕墙，在生产作物的同时还可以遮蔽阳光。实践活动表明，采用这种方式的建筑比裸露的建筑表面温度低 1.5℃。③ 而农业种植与建筑墙体结合时，一般将网布口袋或硬质栽培箱等栽培容器直接固定在墙上。例如美国洛杉矶的“可食用墙”（Edible Wall），它采用的栽培容器是由钢板构成的网格架。网格架共有 45 个格子，每个格子是一个独立的栽培容器，架子内部设置自动浇灌系统。钢架可以附着在建筑

---

① Caplow T, Nelkin J. Building-Integrated Greenhouse Systems for Low Energy Cooling[C]//2nd PALENC Conference and 28th AIVC Conference on Building Low Energy Cooling and Advanced Ventilation Technologies in the 21st Century, Crete island, Greece, 2007: 172-176.

② 万・波赫曼，弗瑞哲，欧特勒 . 生态工程：绿色屋顶和绿色垂直墙面 [J]. 钟璐 译 . 风景园林，2009（1）: 42-46.

③ Anonymity. Green the City with 'Greenery Curtains'[EB/OL]. http: //www.japanfs.org/en/pages/028539.html.

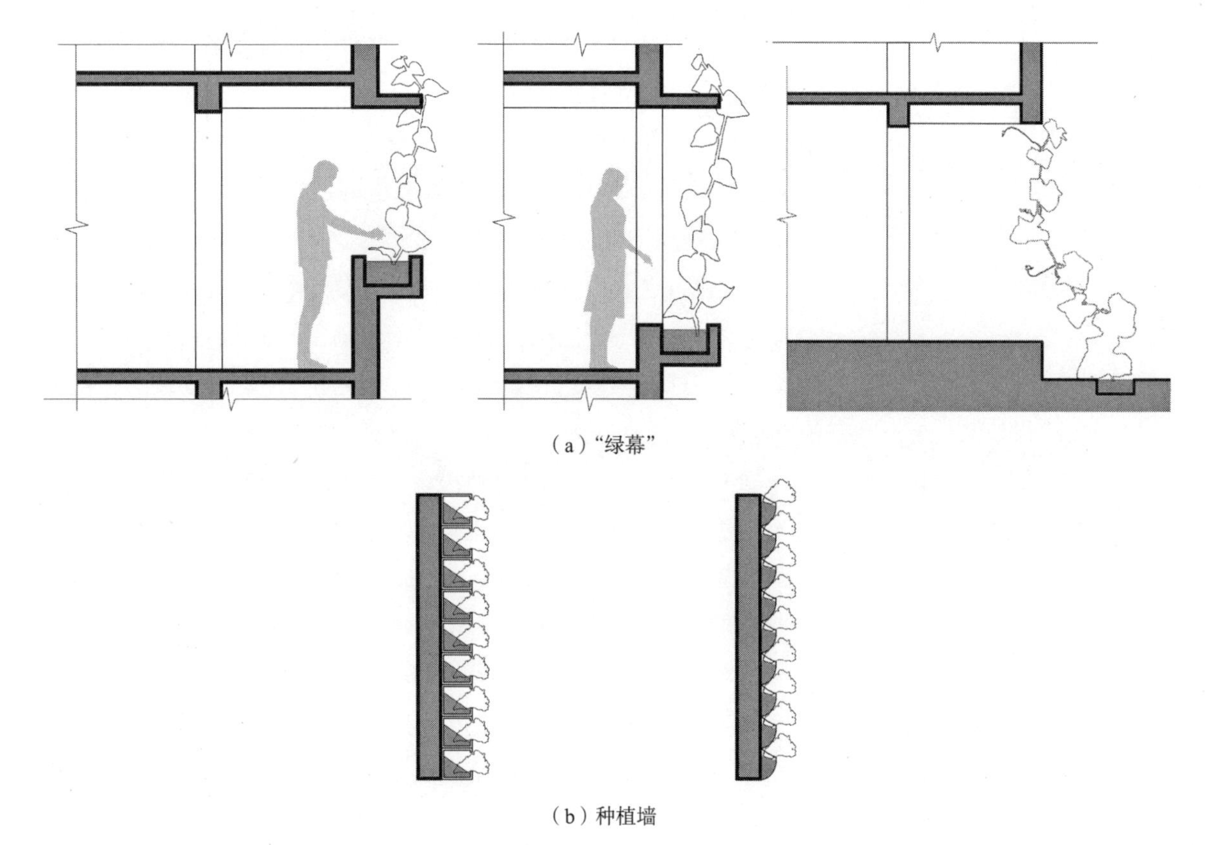

图 2–13 基于建筑立面的种植
来源：作者自绘

墙体上，也可以单独存在（图 2-13-b）。①

（2）竖向温室，其空间类似于建筑的双层幕墙，是高度、宽度大于进深尺度的温室类型。竖向温室既可以位于建筑立面外侧，也可以与建筑的大厅空间相结合，或者单独存在。竖向温室与屋顶温室一样，采用环境调控温室，可以在不利的气候、天气条件下进行生产。② 温室内部不设置楼板，使自然光可以充分覆盖整个温室空间，以满足农作物的光照需求。为了使工作人员可以在底层工作平台完成定植、维护和收获的工作，温室内设置了能够转动的机械系统，系统由竖向的缆绳、滑轮和横向的栽培槽构成

① http：//greensource.construction.com/news/081009VerticalFoodGardens.asp.

② Puri V，Caplow T. How to Grow Food in the 100% Renewable City：Building-Integrated Agriculture[M]// Droege P. 100% Renewable：Energy Autonomy in Action. London：Earthscan Ltd，2009：229-241.

图 2–14　竖向温室机械系统
来源：Vertically Integrated Greenhouse

（图 2-14）。当滑轮转动时，带动缆绳，栽培槽的高度位置发生改变。一般情况下，栽培槽从温室底部移动到顶部，然后再次回到底部，其间所耗费时间与农作物的生长周期相一致。这种温室的进深尺度由机械系统数目决定。当光线充足时，温室内可安排两排甚至更多的栽培槽。[①] 目前基于竖向温室的探索仍以概念方案

① Adams Z W，Caplow T. Vertically Integrated Greenhouse，United States，US8151518B2，[P].2012-04-10.

为主，例如“2020塔”（Future 2020）项目，充分表达了竖向温室的空间特征和应用方式。该项目由KC（Kiss+Cathcart）事务所和英国奥雅纳（Arup）事务所合作完成，为一栋150层高的摩天大楼，属于功能复合的综合型建筑（图2-15）。竖向温室位于建筑采光条件优越的一侧，沿垂直方向多个叠加。

（3）建筑室内农园，根据对人工照明和环境调控技术的依赖程度，通常可分为两类。一种室内农园完全依赖人工光照明和人工环境调控技术，其生产方式与垂直农场相同，例如日本东京的室内稻田。这种方式在日常生活中并不常见，仅有的实践活动多用于展览展示或科学研究，在进行农业生产的同时还可以作为室内景观，在空间营造方面独具特点。另一种室内农园在社区生活中较为多见，它们一般位于建筑室内靠近门窗洞口的位置，或者在封闭的阳台空间内。这种农园的种植规模小，农业收益有限，它们更多地作为城市居民的休闲娱乐活动存在。

图2-15 2020塔
来源：Kiss+Cathcart事务所

2.2 建筑农业相关技术

建筑农业涉及了农业和资源循环利用技术，具体包括农业技术（农业种植和环境调控技术）、有机废弃物再利用技术、雨水收集技术、可再生资源技术。

2.2.1 农业技术

农业生产是建筑农业的核心，农业技术是各类技术中的关键部分。建筑农业涉及的农业技术包括农业种植技术和环境调控技术两类。

1）农业种植技术

农业种植技术包括土壤栽培和营养液栽培两种。

（1）土壤栽培是实践中应用最多的方式，常见于各类露天的建筑农业，包括屋顶农园、基于建筑立面的种植等。土壤栽培中，除了使用田园土，还可使用由有机质和各类介质混合的复合土或轻质土。其中，轻质土采用密度较低的介质，其整体质量较小，有利于控制农业生产新增的建筑荷载，适用于建筑农业。目前，屋顶农园在实践中会采用专业公司配置的有机复合土。例如，非凡土地餐厅的屋顶农园使用的土壤来自 Fox 公司，土壤配方为：森林腐殖质、水藓泥炭土、珍珠岩、蚯蚓产物（earthworm castings）、海鸟粪便、腐殖酸、牡蛎壳和白云石灰（用于调节酸碱度）。而日本表参道屋顶农园使用的轻质土壤则来自日本千叶研究中心（Chiba Research Center）。

（2）营养液栽培（Nutriculture）不使用土壤，又称为无土栽培（Soilless Culture）。① 采用这种技术时，将农作物放置于有营养液的栽培装置中进行培育，或是在配有营养液的非天然的基质材料中进行。营养液栽培技术根据材料类型，可分为水培栽培、基质栽培、气培栽培三类（图 2-16、图 2-17）。

水培系统没有固定根系的基质，需要专门设备固定植株。固定植株的方法有两种：一种是固定植株主茎的下部（茎和根的过渡段）；另一种是悬挂植株主茎的上部（主要在主茎分枝前）。前者主要用于叶菜类生产，采用定制板或者定植杯，后者则主要用于果菜类生产，采用塑料绳或专用的植物悬挂设备吊挂在植物生长架上。② 生产中需要多系统紧密结合，包括营养液膜栽培系统、深液流栽培系统、浮板毛管栽培系统和可移动式管道水培系统等。

基质栽培系统中，多采用砂、砾石、蛭石、珍珠岩、稻壳、炉渣、岩棉、蔗渣等基质固定植株根系，营养液为其提供养分。采用这种技术时，基质栽培方式有槽培、袋培、箱培、墙式栽培和柱式栽培等类型，营养液采用滴灌和灌溉方式。

气培栽培又称雾培，即喷雾栽培技术。在这一系统中，营养液以喷雾形态被喷洒在植物根系上。

目前，基于水培和基质栽培技术的设施已经较为成熟，成为建筑农业实践活动的主体，主要用于屋顶温室和竖向温室，室内农园中也有应用。现有案例中，很多大中型人工环境控制温室中，采用循环的营养液栽培系统，即营养液流经种植容器后，经过补充矿物质使营养液重新达到满足作物需求的水平，再次进入循环系统。这种方式能够充分利用水和化肥，做到节水、高效地生产。

① 杨其长，张成波．植物工厂概论 [M]. 北京：中国农业科学技术出版社，2005：15.

② 周长吉．现代温室工程 [M]. 北京：化学工业出版社，2010：268.

图 2–16 营养液水培设施
来源：作者拍摄

图 2–17　营养液气培设施

来源：http：//www.tlmicronano.com

2）环境调控技术（设施农业）

建筑农业可采用的设施农业类型包括温室大棚、节能型日光温室、人工环境控制温室等。它是基于温室效应和补光、调节温度等人工环境调节措施的、保障农作物生长环境的技术。

温室大棚采用以拱形为主的骨架，表面覆盖有透光材料。它利用温室效应积聚热量，在室外环境温度低于农作物需求的时段发挥作用。使用中，温室利用保温层减少夜间室内外热量交换，较少使用人工供暖手段。节能型日光温室是我国北方常见的温室类型。温室一般东西横置、坐北朝南，根据各地区不同的温度和光照条件，可能有 5℃以内的向东或西的偏转。温室北墙和东西两侧山墙采用不透光材料，北墙着重保温隔热，温室南侧和顶部表皮采用透明材料，以获取充足自然光。这种方式主要用于室外环境温度低于农作物需求时。冬季最冷时段中，温室内需要短期、间歇供暖。少部分温室利用遮阳和湿帘降温设施，通过增加通风等方式，能用于夏季生产（图 2-18）。人工环境调控温室，也称

图 2-18　节能型日光温室
来源：作者拍摄

智能型温室，一般采用联栋温室的形式。温室采用纤细骨架支撑结构，以透明材质作为表皮。温室设有计算机控制系统，采用人工照明、供暖设施、湿帘、遮阳帘等措施，调节农作物种植环境，保障全年不间断地农业生产（图 2-19）。上述三种设施农业类型在当前的建筑农业实践中均有应用。其中，人工环境调控温室的生产效率高，但是初始投资大，且运行能源成本高，目前主要用于北美地区的屋顶温室。温室大棚的设备简单，易于操作，但只能在一定程度上改善农作物的温度环境，在世界各地的屋顶农业中均有实践，如，美国布鲁克林的瑞贝卡屋顶农园。瑞贝卡农园建在集装箱上，温室为半拱形，采用的表皮材料为农用塑料薄膜。温室以附近冷库机器工作散发的热量为辅，以吸收的太阳光辐射为主要热量来源，满足农作物对于温度的需求。即使有冷库机器散发的热量，温室依然只在春秋季节工作，冬季因内部温度无法保证而停工。

垂直农场中采用的环境技术是在人工环境调控温室基础上更进一步的产物，类似于“植物工厂”（Plant Factory）技术。植物

图 2-19　人工环境调控温室
来源：作者拍摄

工厂的概念由日本植物工厂学会提出，由计算机系统对植物生长发育全过程的温度、湿度、光照、二氧化碳浓度以及营养液等环境条件进行自动控制，不受或很少受自然条件制约，属于“省力型”的生产方式[①]，能够实现农作物周年连续生产。然而，这项技术中人工环境控制系统的高标准运行，导致了较大的能源需求。运行过程中，光环境和温度环境控制会占运行总体成本和能源耗费的约 1/3。在农业领域的实践中，植物工厂以单层建筑为主，人工光和自然光并用。而垂直农场中，由于种植层的叠加，为满足农作物光照需求，人工补光需求更大，引发的能源需求也更大。目前，采用这种方式种植的案例主要包括日本东京的室内稻田和地下室的番茄树种植，它们完全依靠人工光照满足农作物的需求。

2.2.2　城市有机废弃物再利用技术

所谓有机废弃物的再利用，又被称为“资源化”，是生态环

① 杨其长，张成波 . 植物工厂概论 [M]. 北京：中国农业科学技术出版社，2005：15.

境可持续发展理念的重要体现。城市中的有机废弃物包括日常生活的厨余废物、卫生间废物，和农业废物（作物秸秆等）。考虑到人类粪便中可能存在的激素、药物遗留等化学产品，卫生间废物并不是资源化处理后用于农业生产的最优选项。厨余垃圾和农业垃圾通过发酵处理为沼渣和沼气，其中，沼渣作为有机肥料可用于农业生产，沼气作为能源可用于生产或其他供能。由于沼渣的质地稀疏，富含各种营养物质，它不仅是优质的有机肥，帮助农作物增产，还可用于改良土壤结构。

建筑农业中，采用土壤栽培技术的露天生产均可采用有机肥。例如，美国布鲁克林农场利用农业秸秆堆肥，满足部分肥料需求。沼气的主要成分为甲烷和二氧化碳。甲烷完全燃烧后生成二氧化碳和水。当采用沼气燃烧为温室供暖时，甲烷充分燃烧后的产物二氧化碳，能够促进农作物光合作用。

不同规模的建筑农业活动中，采取的有机废弃物处理技术与设施不同。适用于家庭规模的有发酵桶，这种小型发酵技术已经成熟，在市场中有多种型号出售。对于规模较大的商业屋顶农园，一般采取发酵池等方式进行处理和循环使用。

2.2.3 雨水收集技术

在城市中开展建筑农业，水资源的消耗亦是非常关键的要素。为了不增加城市用水压力，一般配备雨水收集池。收集后的雨水，经过沉淀和紫外线消毒，即可用于农业生产。生产中，雨水既可以用于土壤灌溉，也可以用于配制营养液。实践中，美国曼哈顿小学的屋顶温室设有两个 1.32m^3 的雨水收集塔，收集的雨水用于营养液配制，满足约 139.4m^2 温室的需求。[①] 布鲁克林农场和非凡土地餐厅屋顶农园也都设有雨水收集池，雨水用于农园灌溉。

2.2.4 可再生能源技术

建筑农业中使用的可再生能源技术主要为太阳能技术，其中，太阳能光伏发电系统是最常见的装置。这一系统由光伏阵列、蓄

---

① The Sun Works Center at Manhattan School for Children[EB/OL].2012. http：//nysunworks.org/projects/the-greenhouse-project-at-ps333.

电池组充、电控制器和电力电子转换器等组成。[①] 屋顶农园、屋顶温室的相关实践中都配备了这一系统，包括前文提及的非凡土地餐厅屋顶农园和哥谭镇绿地温室等。后者采用太阳能光伏电板，以每年 55kW 的功率为约 1115m² 温室供给能量。[②]

2.3　建筑农业发展趋势与存在问题

通过现有建筑农业类型和相关技术的梳理，可以对其发展趋势和存在问题有基本认识。无论是垂直农场，还是基于城市一般性建筑的农业种植，二者虽然出发点、生产方式和空间形态不同，但在发展过程中，显现出相似的演进规律和特征。

2.3.1　发展趋势

一方面，垂直农场的实践者对于能耗的认知和应对方式在不断发生调整。垂直农场的原型利用了“植物工厂”技术，采用人工环境调控手段，使农场建筑的种植环境满足农作物需求，全年不间断生产。然而，由于农场的高运行能耗，阻碍了实践活动的展开。因此，垂直农场理论研究和相关设计利用自然光照，减少人工光使用，并在建筑中合理分布对光照要求不高的辅助空间。在空间上，这种趋势体现为农业种植不再是垂直农场中生产的单一主体，而仅占用建筑中光照条件优越区域；在农业生产技术上，农场的农作物种植不再完全依赖人工环境调控技术，而是适度利用自然光照。

另一方面，基于一般城市建筑的农业种植具有两种趋向。第一类中，建筑农业基于立体绿化的理念和技术，以“农作物表皮”的形式与城市建筑结合，种植层位于建筑屋顶或墙体外侧，采取露天种植的方式，主要形式包括屋顶农园和基于建筑立面的种植（绿幕和种植墙）等。第二类中，农业收益成为建筑农业的目的之一。这时的建筑农业采取更为专业的种植技术，例如营养液水

① 李全林 . 新能源与可再生能源 [M]. 南京：东南大学出版社，2008：283.

② Zeveloff J. Tour The Hi-Tech Farm That's Growing 100 Tons Of Greens On The Roof Of A Brooklyn Warehouse[EB/OL]. http：//www.businessinsider.com/gotham-greens-2011-7?op=1，20110614.

培等，并采取各类温室的方式进行生产，例如人工环境调控温室。此时，建筑农业的代表形式为屋顶温室和竖向温室，这种方式中，农业生产与城市建筑结合得更为紧密。

建筑农业发展过程中，由于共同的发展趋势，各种建筑农业形式间的界限变得模糊。为了降低运行能耗，垂直农场缩小了农业生产空间，与城市建筑结合。而基于城市一般性建筑的农业生产倾向于采用更为专业的种植技术，开展高效率的生产，不仅占用建筑空间，还利用城市建筑的温度环境调控资源。

在未来的城市建成环境中，为使建筑获得相当的农业生产力，建筑农业应使用专业的农业生产技术，且充分利用建筑的空间资源，实现多层、高密度的生产，积极利用建筑室内人工光照和温度资源，实现可持续、低能耗的生产，资源化处理建筑使用过程中产生的生活废水和厨余垃圾，实现建筑物废弃物排放的减量，最终，以建筑与农业种植一体化为目标，实现农业生产与建筑使用的统筹，整合空间和能源资源。

2.3.2 存在问题

在建筑农业发展过程中，农作物与居民具有不同的光照需求，这一现象已经被研究人员和实践活动参与者所关注。所以，在垂直农场的设计探索中，仅有部分空间适合农业种植，而与城市建筑结合的农业种植活动一般位于建筑屋顶或立面外侧这些光照条件优越的空间位置。然而，农作物与人对环境需求的差异，不仅体现在光照上，还包括温度环境、空气相对湿度和二氧化碳（氧气）浓度等方面。由于对农作物种植活动认知的不系统和不完全，导致目前的建筑农业实践活动仍局限于建筑“表皮”空间，没有达到真正与建筑结合、利用建筑资源的目标。

此外，通过对实践活动的研究，发现世界各地不同气候条件下的建筑农业往往采取类似的农业生产形式。例如，在中国香港的生态妈妈屋顶农园和位于美国纽约的鹰街屋顶农园都采取露天种植的方式。前者位于亚热带地区，属于亚热带季风气候，可以全年不间断生产；而后者位于温带地区，属于温带大陆型气候，冬季因为温度过低，不得不间断生产。而同样位于美国纽约的哥谭镇绿地屋顶温室则采用人工环境调控温室进行生产。那么，对于同一地区的建筑农业是否存在最适宜的农业生产方式，如何确定适宜生产的时间，则是亟待解决的问题。

2.4　本章小结

首先，本章对垂直农场和与城市一般建筑结合的农业种植进行了总结，梳理了不同类型的建筑农业所采取的农业相关技术、生产特点、构筑方式，以及与城市建筑的关系。

在此基础上，归纳了建筑农业的发展趋势。一方面，垂直农场原型采取“植物工厂”系统，利用人工环境调控技术，在建筑室内空间满足农作物生长需求，达到全年不间断生产。在其理论和设计发展过程中，将自然光照引入建筑，根据建筑空间的光照资源分配，合理布局对光照要求低的储藏和加工空间，降低农场整体能耗。另一方面，与城市建筑结合的农业种植，利用城市建筑屋顶、墙体外侧等光照条件优越位置进行生产。发展过程中，也产生了屋顶温室、竖向温室等采用一定环境调控技术、具有较高农业生产力的方式。这些温室不仅利用建筑空间，也利用建筑散热和采暖通风余热，降低自身能耗。

最后，本章提出现阶段建筑农业存在的两类问题。其一，研究初始阶段，由于研究者对农作物生理需求掌握不全面，对人与农作物生理需求的对比研究不深入，难以精准判断农业种植与城市建筑的结合方式，缺少建筑农业形式形成和选择的原理性指导。其二，在不同地区和气候条件下，相近的建筑农业形式，全年的农产品产量和生产效率具有较大差异。面对气候差异，建筑农业缺乏相应的应对策略。因此，基于农作物和人生理需求的基础研究，针对建筑农业在不同气候条件下表现的差异性研究，是本书的方向。

第三章
建筑与农业种植一体化的空间构成和运转模式

在建筑与农业种植一体化模式中，农业生产利用建筑空间与资源，并为建筑提供保护，降低其运行能耗。以该理念为基础形成的农业种植一体化建筑具有二元属性，同时具有人和农作物两个“使用者”。这类建筑中，通过合理空间布局和资源共享设计，协调人与农作物在光照、温度等方面具有不同的诉求，促使二者形成共生关系。

本章将对这两类不同使用者的生理需求进行比较，总结建筑与农业种植一体化的空间构成和作用原理，明确二者需求的异同点，其中的共同点奠定了建筑与农业种植一体化中农业种植与建筑功能结合的基础，差异则是探究建筑空间布局和作用原理的关键。

3.1 建筑与农业种植一体化及作用原理

根据第一章的综述，建筑与农业种植一体化（Building Integrated Agriculture，BIA）是农业种植活动与城市建筑相整合的产物。作为特定的建筑类别，其能够同时满足建筑使用者和农作物对空间环境的诉求，是一种功能复合型建筑。根据特德·卡普洛的阐述，建筑与农业种植一体化是农业温室（CEA）与建筑的结合，也是生产和建成环境的协同。[1] 在本书中，建筑与农业种植一体化指农业种植生产与城市一般性建筑的结合。其中，农业种植生产包括露天种植和温室两类生产方式，建筑农业中可以采用土壤栽培和营养液栽培技术；城市一般性建筑包括公共建筑和居住建筑在内的各类建筑。

建筑与农业种植一体化是农业种植生产与城市建筑结合的理想形式，其空间模式既不像垂直农场——建筑空间被视作农业生产的容器，也不像屋顶农园或屋顶温室——农业种植空间作为建筑的新“表皮”而存在。建筑与农业种植一体化中的种

① Caplow T. Building Integrated Agriculture: Philosophy and Practice[R]//the Heinrich Böll Foundation. Urban Futures 2030: Urban Development and Urban Lifestyles of the Future, Germany, 2010:54-58. 其典型系统包括人工环境调节的农业温室（CEA），营养液栽培系统，从建筑采暖、通风和空气调节系统获得余热的装置，以太阳能光伏电板为主的可再生能源获取装置和雨水收集设施。这里的建筑 - 农业一体化有两种空间模式，屋顶温室（Rooftop Greenhouse）和竖向温室（Vertically Integrated Agriculture，VIG）。

植空间和建筑空间是并置存在的组成部分，人和农作物是共同的使用主体。这类建筑空间能够同时满足二者的不同需求，适用于农业生产和人类日常生活、工作的需要。值得关注的是，一体化系统中的农业种植，不仅可以利用建筑空间和室内环境调控资源，还能够利用建筑的空间技术和特有的节能技术，实现与城市建筑的深度结合。

为使建筑与农业种植一体化理念下的功能复合型建筑发挥最大潜力，需要整合农业种植和城市建筑的空间和资源，使其成为一个整体。其中，农作物与人类使用者具有的相近生理需求，促使二者有可能在同一空间环境中共存，更是确定二者结合方式的关键要素。

3.2　生理需求比较

人和农作物是建筑与农业种植一体化体系中的共同主体，二者有着不同的生理需求，故而应有不同的建筑空间尺度、围合面形式和室内环境调控与之相适应。本小节将比较二者在光照和温度环境等方面要求的差别，旨在确定它们的异同，为建筑与农业种植一体化空间和资源的整合提供依据。

3.2.1　人的生理需求

作为城市建筑的主要使用者，人类的生理需求参数包括光照、温度和空气相对湿度。其中，光照指标包括光照强度和光照时间。光照强度，指单位时间内单位面积所接受的光通量（单位为勒克斯，lux 或 lx）。建筑中不同空间区域的光照强度的要求不同，与其功能和使用方式相关。例如在门厅这类短时停留、非连续性工作的空间中，光照强度满足 150lx 即可；一般性的办公空间中，光照强度需达到 750lx。实际上，750lx 的光照强度即可满足常见的行为需求；当光照强度达到 2000lx 以上时，可以满足绝大部分工作和生活的需求（表 3-1）。

《室内照明指南》推荐的室内光照强度值　　表 3–1

区域	推荐的［光］照度（lx）	所进行的活动
A 非经常使用区域或视觉要求简单区域的一般［光］照度	20	
	30	具有暗环境的公共区域
	50	
	75	短暂逗留时所要求的简单定向
	100	
	150	不进行连续工作的房间，入仓库、门厅
	200	
B 室内工作区域的一般［光］照度	300	视觉要求有限的作业，如粗加工、讲堂
	500	
	750	具有普通视觉要求的作业，如普通的机加工、办公室
	1000	
	1500	具有特殊视觉要求的加工作业，如手工雕刻
	2000	服装厂检验
C 精密视觉作业附加［光］照度	3000	精密且时间非常长的视觉作业，如小型电子元件装配和钟表装配
	5000	
	7500	特别精密的视觉作业，如微电子元件的装配
	10000	
	15000	非常特殊的作业，如外科手术等
	20000	

来源：申黎明 . 人体工程学：人 - 家具 - 室内 [M]. 北京：中国林业出版社，2010：134.

在光照时间方面，不同功能建筑的要求不同，一般用直射光照射时长来进行衡量。其中，居住建筑和学校建筑是对采光时长要求较高的建筑类型。根据《住宅建筑规范》（GB 50368—2005），住宅建筑采光时间以日照时间较短的冬至日和大寒日为准。严寒地区、寒冷地区和夏热冬冷地区（Ⅰ、Ⅱ、Ⅲ和Ⅶ）的大寒日（一般为 1 月 20 日），大城市中的居住建筑要求底层窗台面受到阳光直射时间大于等于 2h；中小城市中的居住建筑要求底层窗台受到阳光直射时间大于等于 3h。温和地区、严寒地区和寒冷地区（Ⅴ、Ⅵ$_{A}$、Ⅵ$_{B}$和Ⅵ$_{C}$）的冬至日（一般为 12 月 20 日），要求居住建筑底层窗台面受到阳光直射时间大于等于 1h（表

3-2）。学校建筑中，中小学教学楼要求南向的普通教室冬至日底层满窗日照不应小于 2h。[①]

住宅建筑日照标准[②] **表 3-2**

<table>
<tr><th rowspan="2">建筑气候区划</th><th colspan="2">Ⅰ、Ⅱ、Ⅲ、Ⅶ气候区</th><th colspan="2">Ⅳ气候区</th><th rowspan="2">Ⅴ、Ⅵ气候区</th></tr>
<tr><th>大城市</th><th>中小城市</th><th>大城市</th><th>中小城市</th></tr>
<tr><td>日照标准日</td><td colspan="3">大寒日</td><td colspan="2">冬至日</td></tr>
<tr><td>日照时数（h）</td><td>≥ 2</td><td colspan="2">≥ 3</td><td colspan="2">≥ 1</td></tr>
<tr><td>有效日照时间带（h）</td><td colspan="3">8 ~ 16</td><td colspan="2">9 ~ 15</td></tr>
<tr><td>日照时间计算起点</td><td colspan="5">底层窗台面</td></tr>
</table>

在温度方面，由于不同功能的建筑和使用者的需求各异，建筑中采取的采暖、通风和空气调节措施不同，同一时间和地区建筑的室内温度环境也具有较大差异。但人的体感舒适温度处于一个较为稳定的范围，夏季人体感舒适温度为 22 ~ 28℃，冬季为 16 ~ 24℃。[③]

在空气相对湿度方面，人体感舒适范围与温度相关。夏季，人体感舒适的空气相对湿度为 40% ~ 80%，冬季为 30% ~ 60%。全年中，当空气相对湿度介于 30% ~ 70% 时，人感到较舒适。[④]

3.2.2 农作物的生理需求

本书所提及的农作物，仅指适宜建筑农业的农作物，它们应符合以下两条原则。第一，建筑农业位于城市环境中，应遵循都市农业农作物种类选择的要求。城市中生产的农产品产地与消费者餐桌距离短，农产品分配和消费环节少，与当前普遍的现代农业分配方式相比，它在存储和运输环节具有明显的优势，而这种优势在不易保存的浆果类和绿叶菜类农作物上体现得最为充分——这两类农作物主要包括生菜、茼蒿、香菜和番茄等。第二，各类农作物根系深度和对土壤或基质厚度的要求不同，而在建筑

---

① 中华人民共和国住房和城乡建设部 . 中小学校设计规范：GB 50099—2011[S]. 北京：中国建筑工业出版社，2011.

② 中华人民共和国建设部，国家质量监督检验检疫总局 . 住宅建筑规范：GB 50368—2005[S]. 北京：中国建筑工业出版社，2006.

③ 申黎明 . 人体工程学：人 - 家具 - 室内 [M]. 北京：中国林业出版社，2010：131.

④ 申黎明 . 人体工程学：人 - 家具 - 室内 [M]. 北京：中国林业出版社，2010：131-132.

农业中，土壤和基质是种植造成的新增荷载的主体。为了控制建筑农业产生的新增荷载，降低农业种植对城市建筑承重结构的影响，建筑农业应选择以浅根系蔬菜为主的农作物。综上所述，为了控制经济和资源成本，建筑农业种植的农作物多选择不易保存的蔬菜。研究过程中，为简化数据，本节针对部分符合要求的蔬菜的生理需求指标展开分析。

1）光照

与人的生理需求类似，农作物的光照指标也包括光照强度和光照时间。农作物光照强度有三个重要参数，分别是光饱和点、光补偿点和适宜光照强度范围。所谓光饱和点，是在其他条件满足需求时，农作物光合作用达到最强时的光照强度。所谓光补偿点，是当光照强度低至一定水平，植物的生长发育受到严重影响时的光照强度。所谓适宜光照强度，是当其他环境条件（温度、二氧化碳浓度等）满足农作物需求时，最适宜农作物进行光合作用的光照强度范围，其下限大于光补偿点，上限小于光饱和点。

根据农作物对光照强度的不同需求，将蔬菜分为四类。第一类要求较强光照，主要为茄果类，如番茄、茄子等；第二类要求中等光照，包括白菜类、根菜类和葱蒜类，如白菜、甘蓝、大蒜等；第三类要求较弱光照，主要有绿叶菜类，如菠菜，茼蒿以及薯芋类的生姜等；第四类要求极弱光照，主要有芽苗类和食用菌类（表3-3）[①]。本书主要关注较强光照、中等光照和较弱光照的蔬菜类别。

尽管不同蔬菜的光饱和点、光补偿点和适宜光照强度范围不同，然而绝大多数蔬菜的光补偿点在2klx及以下。其中，对光照要求较高的为茄子和黄瓜，其光补偿点均为2klx，光照要求较低的为韭菜，其光补偿点为122lx。有数据表明，温室种植中，多数农作物正常生长发育的适宜光照强度为8～12klx。[②]露地种植[③]时，对光照强度要求较低的绿叶菜类适宜光照范围下限为10klx。所以，本书以2klx作为蔬菜类农作物光照强度补偿点，以10klx为蔬菜类农作物适宜光照强度下限，用于对人与农作物

① 程智慧．蔬菜栽培学总论[M]. 北京：科学出版社，2010：52.

② 张天柱．温室工程规划、设计与建设[M]. 北京：中国轻工业出版社，2010：148.

③ 露地种植或露地栽培，指在没有遮蔽物的土地上进行的农业种植。

的光照强度需求进行对照分析。

蔬菜对光补偿点、光饱和点和
适宜光照强度范围的要求（单位：klx）[1] 表 3-3

科属	种类	光饱和点	光补偿点	适宜光照
茄果类	番茄	70	—	—
	茄子	40	2	—
	辣椒	30	1.5	—
	黄瓜	55 ~ 60	2	—
白菜甘蓝类	结球甘蓝	30 ~ 50	—	—
葱蒜类	韭菜	40	0.122	—
	大葱	25	1.2	—
	洋葱	—	—	20 ~ 40
绿叶菜	芹菜	—	—	10 ~ 40

此外，农作物的生长发育还与光照时长相关。农作物在特定的日照时长下，抽薹[2]开花、形成种子，根据它们对日光照时长的不同需求，可分为长日照蔬菜、短日照蔬菜和中日照蔬菜。长日照蔬菜（long day vegetable），指在 24h 的昼夜周期中，日照长度大于某一个临界日长才能成花的蔬菜，该类植物在露地自然条件下，多在春季长日照下抽薹开花；短日照蔬菜（short day vegetable），又称长夜蔬菜，日照长度小于某一个临界日长[3]才能成花的蔬菜，该类蔬菜大多在秋天短日照条件下开花；中日照蔬菜（neutral day vegetable）对每天日照时数要求不严，只要温度适宜，在长短不同的日照条件下均能正常孕蕾开花的蔬菜，如番茄、甜椒、黄瓜、菜豆等。[4]

关于日照时长的把控，还须和农作物的食用部分结合起来综合考量。抽薹开花并不是建筑农业中的农作物被收获和供应到餐桌的必要步骤，部分蔬菜被食用的是叶片，包括白菜类、甘蓝类、

① 程智慧．蔬菜栽培学总论 [M]. 北京：科学出版社，2010：5-216.

② 长日照植物的茎伸长，导致植株高度增加的现象。

③ 又称“临界日照长度”，指农作物成花所需要的极限日照长度。在昼夜周期中，诱导短日植物开花所需的最长日照时数，或诱导长日照植物开花所需的最短日照时数为“临界日长”。临界日长时数因蔬菜种类而异，一般为 12 ~ 14h，也有的种类短于 12h 或长于 14h。

④ 程智慧．蔬菜栽培学总论 [M]. 北京：科学出版社，2010：53-54.

芹菜、菠菜、莴苣和大葱等，此类蔬菜可以在抽薹开花之前，即被供应至餐桌。而有些蔬菜被食用的是果实，例如豇豆，这类蔬菜必须经历抽薹开花的阶段，才能达到食用标准，所以在栽培过程中应满足其对日照时长的要求。为避免建筑农业中不利的光照因素阻碍农产品的成熟，有两种应对策略：第一，在建筑布局和空间设计方面，为满足农作物的光照时长要求，使种植空间尽可能长时间地暴露在自然光环境下，同时减少建筑对到达种植空间太阳直射光的遮挡，以保障农作物获得足够的光照时长；第二，在农作物品种选择方面，选择未经抽薹开花即可收获的作物类型，例如叶菜类，或选择需要经历抽薹开花作物中的中日照蔬菜。总体而言，去除日照时长对作物成熟的影响，即不种植对光照时常要求高的长日照作物。

2）温度

农作物生长的最低温度、最适温度、最高温度，称为“三基点”温度。最适温度条件下，当其他环境条件得到满足时，作物生长迅速而良好。当农作物达到最低或最高温度下，停止生长发育，但仍维持正常生命活动。①

农作物不同阶段的温度需求不同。以白菜为例，白菜在种子萌发、幼苗期、莲座期和结球期阶段温度不同，分别为20～25℃、22～25℃、17～22℃和12～22℃。研究中，考虑到建筑种植空间的使用方式，且为降低温度环境分析的复杂性，建筑农业农作物适宜温度仅考虑幼苗期及以后阶段。在这一前提条件下，绝大部分蔬菜的不同阶段适宜温度在10～30℃。②

农作物日间进行光合作用和呼吸作用，当光合作用效果大于

① 张天柱．温室工程规划、设计与建设[M]．北京：中国轻工业出版社，2010：147.

② 各种属蔬菜均有萌发和幼苗阶段。茄果类主要生长阶段为萌发期、幼苗期、开花着果期和结果期，包括番茄、小型番茄、茄子、辣椒、黄瓜、西葫芦、苦瓜、丝瓜等。豆类生长阶段分为萌发期（或称发芽期）、幼苗期、抽蔓期、开花期和结荚期，包括菜豆和豇豆。白菜类生长阶段分为萌发期、幼苗期、莲座期和结球期。白菜类包括大白菜、结球甘蓝、花椰菜、西兰花、芥菜（茎用芥菜和结球芥菜），其中芥菜有瘤茎膨大期。直根类生长阶段分为萌发期、幼苗期、叶片生长期和肉质根膨大期，包括萝卜和胡萝卜。其中，叶片生长期归至叶茎生长期，肉质根膨大期与瘤茎膨大期列为同一栏。葱蒜类生长阶段分为萌发期、幼苗期和产品器官形成期，包括韭菜、大葱、大蒜和洋葱。绿叶类蔬菜生长阶段分为萌发期、幼苗期、莲座期和产品器官形成期，包括芹菜、莴苣、不结球白菜、蕹菜、菠菜、芫荽和茼蒿。薯芋类在表格中涉及的生长阶段为萌发期、幼苗期和茎叶生长期，包括生姜。芽苗菜包括绿豆芽、黄豆芽、豌豆芽、萝卜芽、香椿芽和苜蓿芽。

呼吸作用时，作物积累干物质[1]；农作物夜间进行呼吸作用，消耗日间积累的干物质。建筑农业中绝大部分蔬菜进行光合作用的最适温度为 20 ~ 25℃；进行呼吸作用的最适温度 36 ~ 40℃。[2] 为促进农作物光合作用、抑制呼吸作用，光照强度过低时，应降低农作物环境温度。由于自然界昼夜更替，夜间没有有效光照，所以对农作物来说，恒温环境并不是积极良好的生长条件，而应当根据昼夜调节形成不同的温度环境——日间适宜温度高于夜间适宜温度。建筑农业中的大部分蔬菜日间适宜温度为 20 ~ 30℃，夜间适宜温度低于 20℃（图 3-1）。例如，小型番茄日间适温为 25 ~ 28℃，夜间适温为 10 ~ 15℃；辣椒日间适温为 26 ~ 27℃，夜间适温为 16 ~ 20℃；黄瓜日间适温为 22 ~ 32℃，夜间适温为 15 ~ 18℃。

3）空气相对湿度

对于不同农作物而言，其适宜的空气相对湿度不同。温室栽培时，对空气相对湿度要求高的黄瓜，适宜湿度达 90% 左右；而番茄、辣椒和豆类等的适宜空气相对湿度为 70% 左右。总体来讲，当空气相对湿度达到 60% ~ 70% 时，可以满足大部分蔬菜的需求。[3]

3.2.3　人与农作物生理需求的异同

人与农作物的生理需求在温度方面具有共性，在光照和空气相对湿度方面，二者需求具有显著差异。

在温度方面，人体感舒适温度范围为 16 ~ 28℃（冬季为 16 ~ 24℃，夏季为 22 ~ 28℃），而蔬菜类农作物的适宜温度范围为 10 ~ 30℃。相较于自然环境季节变迁、昼夜变化产生的温度变化，人与农作物的适宜温度范围有很大重叠。二者在温度需求上具有共性，奠定了其在建筑与农业种植一体化中体系的结合基础。然而，人与农作物的温度需求也有一定差异，体现在农作物

① 一般指农作物在特定恒温条件下，经过充分干燥而存留的有机物的重量，用来衡量有机物积累和营养成分含量。

② 张天柱 . 温室工程规划、设计与建设 [M]. 北京：中国轻工业出版社，2010：147.

③ 张天柱 . 温室工程规划、设计与建设 [M]. 北京：中国轻工业出版社，2010：148.

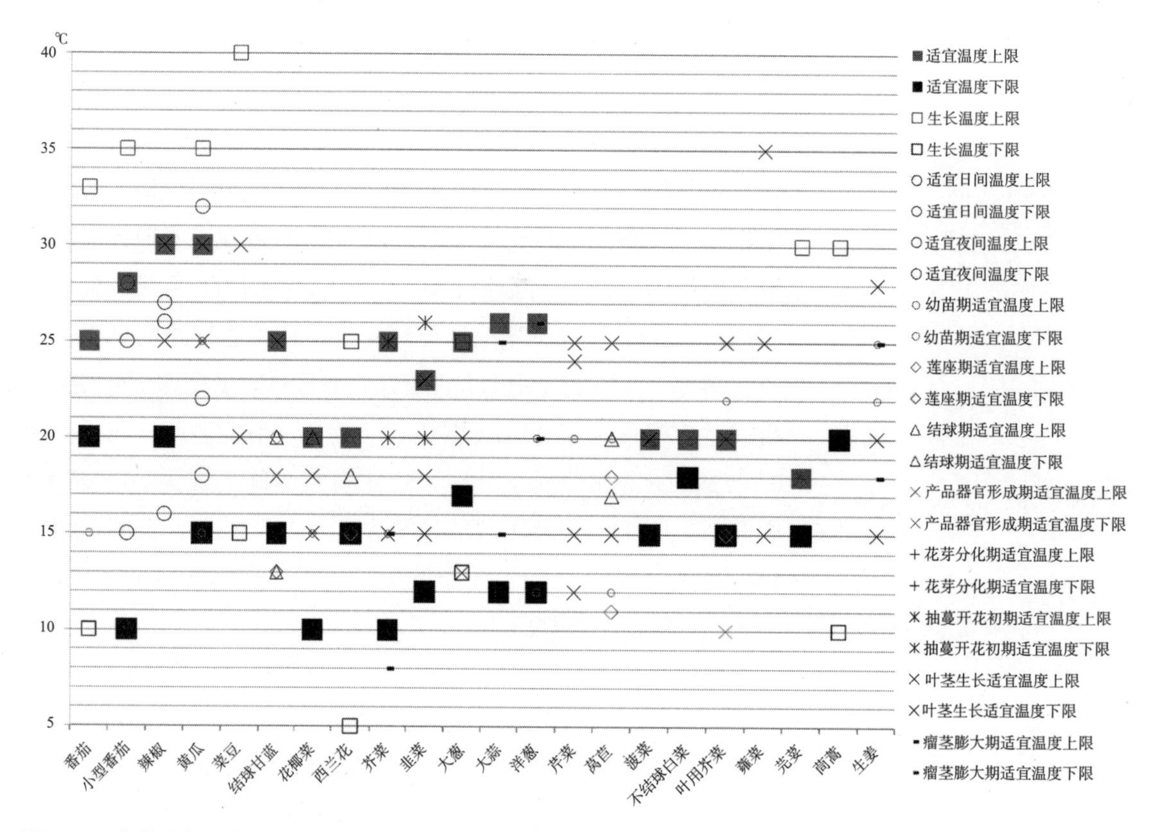

图 3–1 蔬菜生长总体适宜温度和各个阶段适宜温度图

来源：作者自绘，数据来自《蔬菜栽培各论》

的适宜温度有昼夜之分，温差可达 8 ~ 10℃。

在光照方面，人与农作物对光照强度和光照时间的需求大相径庭。在光照强度方面，人们工作或生活中常见行为所需光照强度不超过 750lx，当光照强度达到 2klx 时，已经能够满足绝大多数需求。在农业中，大部分蔬菜类农作物的光补偿点小于等于 2klx，适宜光照强度的下限在 10klx 左右，数倍于人所需的光照强度。在光照时长方面，农作物的时长需求也远大于人。居住建筑和学校建筑是城市中对光照时长要求较高的建筑类型，一般要求在大寒日或冬至日时底层窗受到直射光照达到 1 ~ 3h，而这一时长却无法满足农作物正常生长发育的需求。农作物的生长依赖于自然光，一天当中需要达到 10klx 及以上的光照强度，至少为 5 ~ 6h。此外，由于部分蔬菜仅在特定日照时长条件下开花抽薹，这要求农作物必须充分暴露在自然光下，人和农作物在光照需求方面的差异，体现了二者在建筑与农业种植一体化中对自然采光要素的不同需求。

在空气相对湿度方面，人体感舒适相对湿度为 30% ~ 70%，而大部分蔬菜适宜空气相对湿度为 60% ~ 70%。农作物需要的空气相对湿度高于人。为保持较高的空气相对湿度，农作物种植空间应相对独立。

3.3　种植空间与城市建筑的结合方式与空间布局

通过生理需求的比较、分析得知，人和农作物相近的温度需求是城市建筑与农业种植结合的基础；二者差异显著的光照需求，决定了建筑与农业种植一体化的空间布局；人和农作物对空气相对湿度和氧气（二氧化碳）浓度的不同要求，确定了种植空间独立于城市建筑中其他空间的存在方式。

3.3.1　温度需求与结合基础

人的体感舒适温室在冬、夏两季各不相同，其总范围为 16 ~ 28℃。建筑农业中的大部分蔬菜类农作物，其生长发育的适宜温度范围为 10 ~ 30℃。然而，自然界的温度随季节变迁而变化，不同地区的温度表现差异很大。例如，位于温带大陆性气候的哈尔滨，极端最低温度为 –37.7℃，最高温度为 38℃；位于热带海洋性季风气候的海口市，极端最低温度为 2.8℃，极端最高温度为 40.5℃。总体而言，自然界一年内的温度变化范围，明显大于人和农作物适宜的温度范围（图 3-2）。人体感舒适温度范围和农作物适宜生长发育温度范围，位于大部分地区自然界温度变化的重合部分和中间部分。

生活中，当自然界温度高于或低于人体感舒适温度时，建筑室内利用通风、供暖或空调降温等措施，调节室内温度环境。而当自然界温度高于或低于农作物适宜生长发育的温度范围时，可以采取温室的方式生产。其中，智能温室的工作原理与建筑室内环境调节措施类似，均采取人工调节手段，使其温度环境满足农作物的需求。由于二者对温度环境的要求相近，建筑室内和温室内的环境调控趋势相近，该趋势正是建筑与农业种植一体化中农

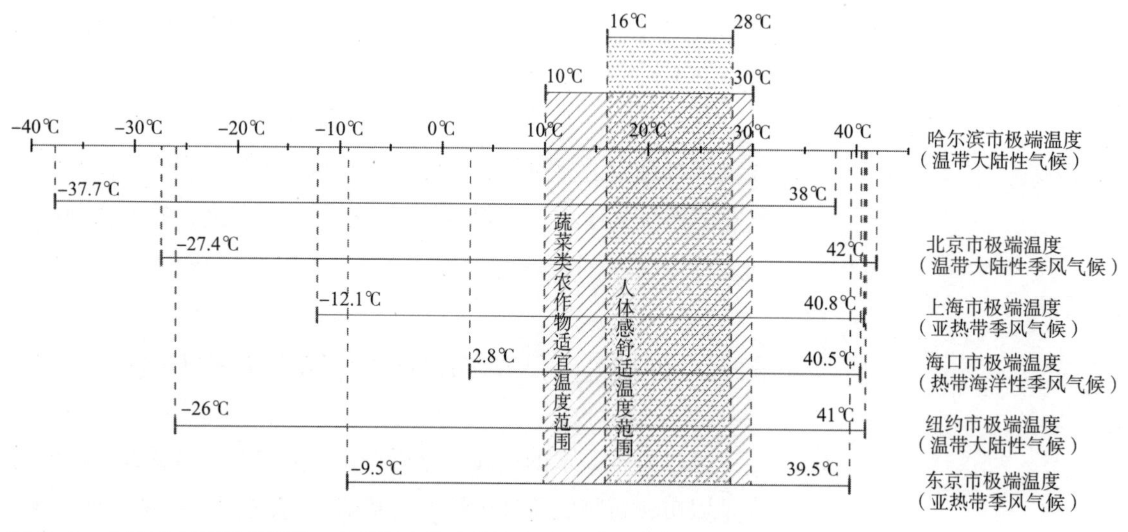

图 3–2　人体感舒适温度范围、蔬菜适宜温度范围和自然界温度范围比较
来源：作者自绘

业种植与城市建筑的结合基础。

3.3.2　温度需求与结合方式

为满足农作物的温度环境需求，达到相对自然界稳定的温度环境范围，即充分利用室内环境调控资源，满足农作物温度需求的昼夜差异，即与自然界有一定热量交换，这就对种植空间和建筑功能空间的结合方式提出了要求。

在利用建筑室内温度资源方面，历来有之。在中国北方地区，人们长久以来利用火炕的余温育苗。火炕用于烧火做饭和夜间取暖，不烧柴的时候仍留有余温，可用于白薯育苗。采取这种方式无须为农业生产投入额外的能源，可以得到农作物幼苗。

农作物适宜温度环境具有昼夜温差，日间高、夜间低，温度范围大于人体感舒适范围，介于自然界温度变化和建筑室内调控目标中间。根据人和农作物温度需求的差异，建筑与农业种植一体化中的农业种植功能位于外围，建筑空间位于核心。农业种植保护城市建筑的室内环境，减少其受室外温度的季节性变化和昼夜变化的影响，而种植受益于建筑室内环境调控资源。

按照与自然界的亲密程度，建筑农业分为露天种植和设施农业两类，不同农作物的温度需求差异和所处的气候条件差异共同决定建筑农业形式。其中，有保护种植，包括各类温室，即普通大棚、日光温室或环境调控温室（智能温室）等，它们的共通之处为种植空间采用大面积透光材质为围合材料，种植空间紧邻建筑，利用建筑屋顶、墙体等作为种植空间的部分围合结构，直接或间接地利用建筑温度资源。

1）建筑室内环境调控资源用于农业种植

建筑与农业种植一体化中，建筑室内温度环境调控资源用于农业种植的方式主要有两类。第一类方式中，农业种植利用建筑屋顶和墙体的散热，该方式可用于露天种植和有保护措施的种植。当室外环境温度不满足人的需求时，建筑室内采取采暖措施或利用空调降温。这时，室内外产生温差，室内空气热量透过屋顶或墙体达到种植土层，直至农作物根部，使农作物可抵御一定程度的寒冷或炎热。当建筑农业采取露天种植方式时，通过利用室内环境调控资源，可以延长不利温度条件下的农作物种植时段。

第二章提及的美国芝加哥的盖里青少年中心（Gary Comer Youth Center）屋顶农园采用了这一方式。该农园位于建筑顶层内院，冬季建筑室内采暖，农园基于下方和四周建筑散热，受到建筑立面玻璃反射太阳辐射热的影响，使得农作物根部和环境空气温度升高，农园农作物在地面露天农业不能生产时继续生长。当采取有保护的农业种植时，种植空间通过利用建筑屋顶或墙体的热渗透效果，可以减少运行能耗，或延长不利环境条件下的运行时间。米兰·德洛尔（Milan Delor）的研究证实了温室可以充分利用建筑屋顶散热。他提出，采取聚碳酸酯表皮的温室位于建筑屋顶时，保温隔热到位的屋顶散热满足温室全年热量需求的13%，而保温隔热较差的屋顶散热满足温室全年热量需求的41%。[①]

当建筑农业采取露天种植方式时，应将其布置于具有尽可能多的建筑围合面的空间中。农业种植所处环境占据的建筑表面越大，围绕的建筑围合面越多，能获得的建筑散热量越大，则农业种植可以延长的种植时段越长。

---

① Delor M. Current State of Building-Integrated Agriculture，Its Energy Benefits and Comparison with Green Roofs[R/OL]. 2011，http：//e-futures.group.shef.ac.uk/page/publications/author/35/category/9/.

第二类方式中，农业种植利用建筑室内空气的热量——仅当采取各类温室、大棚等对种植完成物质空间限定的方式时。实际上，当采取各类温室时，种植空间主要基于温室效应积聚热量，为保障温度环境，宜在温室内部设置被动式太阳能技术设备以积蓄、调节热量。日间，种植空间基于温室效应积聚热量，温度上升；夜间，受自然环境温度降低影响，温度室内温度降低，蓄热构件散热，发生作用，延缓温度下降，保障温室内昼夜温度变化满足农作物需求。此外，种植空间还通过吸收建筑散热，与建筑室内空气交换带来的热量，利用建筑温度资源。例如，美国纽约曼哈顿小学的屋顶温室（环境调控温室），它利用建筑采暖空调系统内的余热，用于夜间供暖保温。

各类温室中，普通大棚用于寒冷天气，一般不补充供暖，日光温室一般用于寒冷季节，冬季有热量补充，较少用于夏季。当采用这两类温室时，利用建筑室内温度资源可以延长其运行的时间。而温室中的环境调控温室（智能温室）有各类设施设备，可四季运转，当采用这种方式时，利用建筑室内温度资源可以降低其生产能耗（图 3-3）。

2）农业种植抵御自然界不利气候和天气因素

建筑与农业种植一体化中的农业种植，作为自然和建筑环境之间的过渡，保护建筑少受或不受外部不利气候和天气因素的影响。

农业种植保护建筑的方式，根据其所处位置而不同，有两类。

第一类，农业种植位于建筑采光面外侧。农作物枝叶遮挡、调节进入室内的自然光和光辐射，消除室内眩光，将柔和的自然光引入室内，以自然光照明代替人工照明，减少照明用电。日本的“绿色窗帘”计划中，居民在窗外种植苦瓜、黄瓜、豆角等藤类植物，植物枝叶形成绿色幕墙，“绿幕”减少了室内太阳光辐射，当年夏季较往年同期节省了约 21% 的空调用电量。[①] 此外，当建筑农业采用温室这种方式时，具同样效果，可四季发生作用。竖向温室中，通过调节栽培槽之间距离，控制进入室内的自然光照。

① Whipp L. Tokyo Grows Green Curtains to Save Power[EB/OL].2011. http：//www.ft.com/.

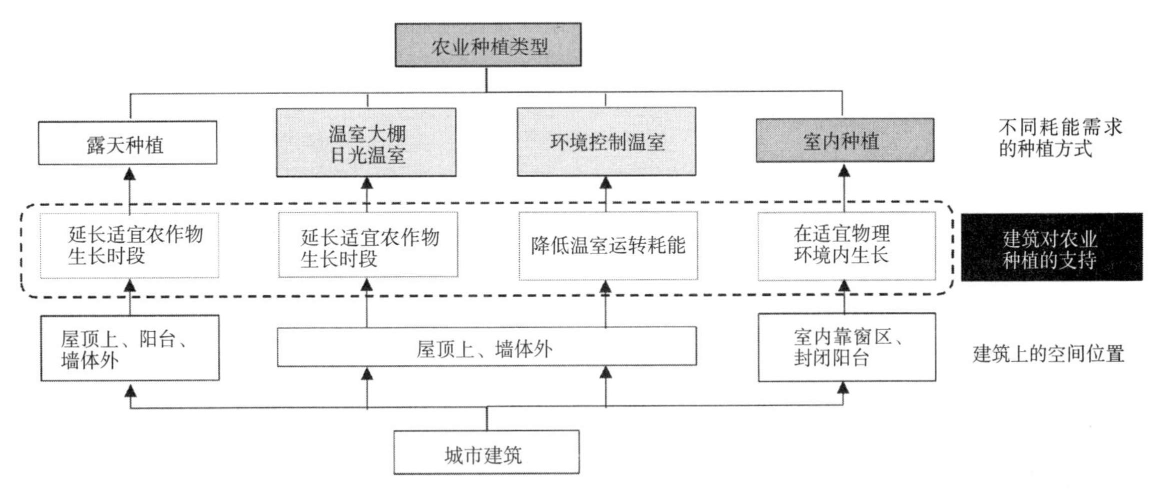

图 3–3 建筑室内环境调控资源用于农业种植途径
来源：作者自绘

第二类，农业种植位于建筑墙体和屋顶，在建筑围合面以外以自身形成保护层，提高建筑围合面的隔热能力，减少室内外热交换。夏季，这类农业种植活动以“土壤—农作物层”阻碍到达建筑表面的太阳光辐射，降低建筑表皮和室内温度；冬季，它们以“土壤—农作物层”减少建筑热损失。[①] 以“红薯计划”[②] 为例，该实验证实了种植红薯可以降低夏季建筑的屋顶表面温度。研究人员以营养液水培法种植红薯，对比有无农作物覆盖的屋顶温度。结果表明，有农作物种植的屋顶温室表面温度较低，温差随太阳辐射增加而增大，最大可达 13℃。[③] 美国洛杉矶的 SYNTHe 屋顶农园，正是由于土壤和植被层的存在，建筑屋顶在夏季的表面温度较没有种植时降低了 15℃。再如盖里青少年中心屋顶农园，其夏季室内温度降低了 5.5℃，冬季室内温度升高了 11 ~ 16.5℃，主要得益于土壤和植被层的调节作用（图 3-4）。

在农业种植帮助建筑抵御自然界不利气候和天气的过程中，

① Petts J. Edible Buildings：Benefits，Challenges And Limitations. Sustain-The Alliance For Better Food And Farming[EB/OL].2000.http：//www.sustainweb. org/pdf/edible-buildings.pdf.

② “红薯计划”为在日本进行的屋顶种植红薯实验。通过有无红薯种植时，对建筑屋顶温度的测量，说明农作物种植可以有效保护建筑物。

③ Kitaya Y. Yamamoto. M，Hirai H，et al. Rooftop Farming With Sweet Potato For Reducing Urban Heat Island Effects and Producing Food And Fuel Materials[C]// The 7th International Conference on Urban Climate，2009.

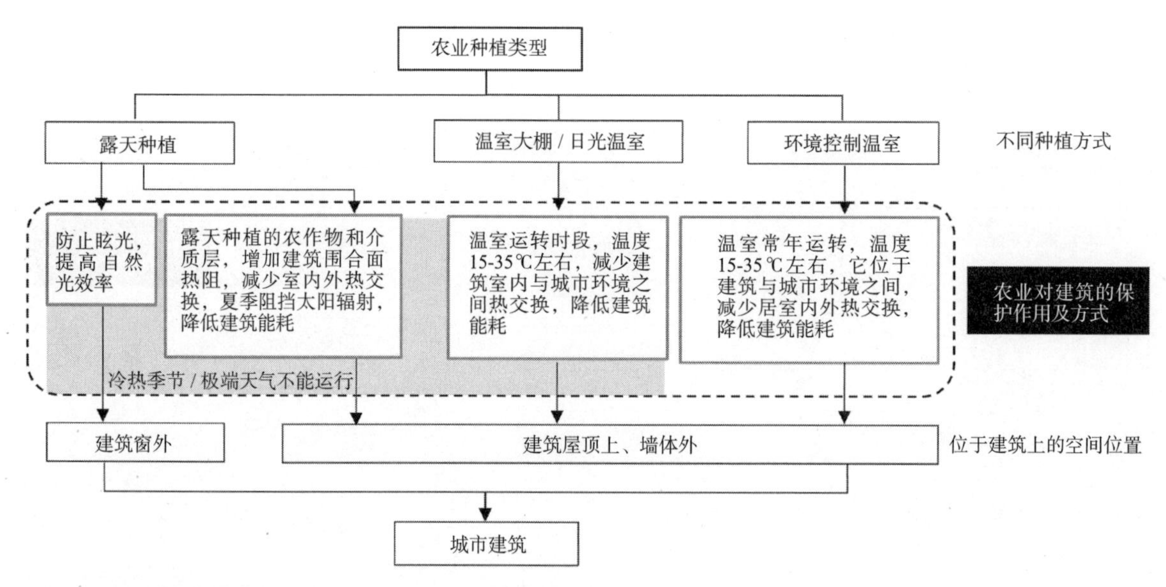

图 3-4 农业种植抵御自然界不利气候和天气因素途径
来源：作者自绘

露天种植具有局限性，在不适宜农作物生长的季节里，过于寒冷或炎热的温度环境时，种植活动不得不停止，其时，它保护建筑的能力大大减弱。采取有保护的农业种植空间时，能给予建筑更长时间的保护。温室运行时，内部温度大部分时间处于10 ~ 30℃，对建筑而言，这个缓冲空间能有效减少建筑室内热交换，有助于降低能耗。

总体而言，在建筑与农业种植一体化理念的实践中，农业种植空间与城市建筑结合，减少了散热面，共享室内环境调控资源，实现低能耗的农业生产。对建筑而言，二者结合能够降低建筑能耗。当农业种植位于建筑屋顶或墙体外侧时，增加建筑围合面保温隔热能力，减少室外不利气候和天气因素对建筑的影响，一定程度上减少建筑因热胀冷缩产生的物理损伤，延长建筑使用寿命。当农业种植活动位于建筑采光面外侧时，通过调控室内自然光和光辐射，将自然光照明引入室内，并调节室内温度。

3.3.3 光照需求与空间布局

人与农作物对光照环境的需求有较大差异。在光照强度方面，农作物的适宜光照强度下限为10klx，而满足人日常生活工作中大部分需求的光照强度为750klx。在时长方面，农作物应获得尽可能长的达到适宜光照强度下限的时间。

首先，处于自然环境中的建筑只有部分表面能获得太阳直射光。以北半球为例，在晴天时，建筑屋顶和立面的东、西、南向暴露于太阳直射光下。由于太阳东升西落，建筑东、西朝向获得直射光时长小于建筑屋顶和南向。当建筑平面为矩形时，屋顶和南立面光照条件最优越，可以满足农作物的需求。当建筑平面为圆形、椭圆或接近圆形的图形时，建筑东、西中心线以南侧的建筑表面和屋顶能获得较为充分的太阳直射光。当建筑平面为复杂形态时，需要考虑形体的凹凸变化对表面采光的影响。

其次，城市环境中，存在建筑物相互遮挡的情形。为获得满足农作物需求的自然光照强度和日照时长，建筑上的种植空间应位于全天不受其他建筑物遮挡的、垂直方向较高的位置。

最后，当农业种植采取各类温室或利用建筑室内空间时，应注意其空间尺度和表皮结构对光环境的影响。农业种植空间不同于一般的建筑空间，与人体尺度不相一致，在理想状态下，应该为一个通透的、能充分采光的大体量空间。种植活动与城市建筑结合，利用侧面采光时，如果采取类似竖向温室的形式，因为其内部没有楼板，自然光照可以覆盖整个区域。而当农业种植活动位于建筑室内时，建筑立面的采光面尺寸和建筑层高，都限制了室内光照覆盖范围。

建筑与农业种植一体化的空间形态由农业生产和建筑的空间构成及二者的资源整合方式决定。在此基础上，不同国家和地区中，它们的空间形式仍具有差异，受限于农业生产和建筑的气候性。

本章首先提出建筑与农业种植一体化的气候差异性表现，明确农业生产和城市建筑对运行模式的作用方式，提出建筑与农业种植一体化运行模式及推演方式。

3.4　建筑与农业种植一体化的气候差异性表现

建筑与农业种植一体化运行模式包括，建筑农业运行时段内，选定的农业种植方式、农业生产占据的空间位置及其与建筑共享室内环境调控资源的方式。

建筑与农业种植一体化是农业种植与城市建筑的有机结合，它追求可持续的发展，具体目标为建筑和农业资源有效整合，农业种植与建筑室内共享环境调控资源，农业生产保护建筑少受或不受不利气候好天气影响，建筑为农业生产提供生产保障，最终，实现低能耗农业生产与建筑节能。

正如《从摇篮到摇篮——循环经济设计之探寻》书中提到的，“可持续性具有地区性”[①]。适用于不同地区的建筑与农业种植一体化模式不应千篇一律，也不存在四海皆准的实践方式。

屋顶农园作为实践活动最多、分布最广泛的建筑农业形式。当人们采取露天种植方式时，因改造少、初投资低，容易被城市居民所接受。实际生产中，它在不同地区的生产效益和建筑保护效果差异很大。在中国北方寒冷地区，其适宜生产时段为春、秋和夏季。冬季由于温度过低，农作物不能生存，但此时正是该地农产品供应淡季，市场不得不依赖本地设施农业生产或远途运输而来的农产品。其中，本地设施农业的农产品在生产中消耗大量能源，远途运输来的农产品则具有较大食物里程，这两种农产品供应方式耗费资源多。在农业生产对建筑的保护方面，屋顶农园以土壤层和农作物增加建筑屋顶热阻，减少室内外热交换。夏季，土壤层和农作物阻挡达到屋顶的自然光辐射，降低屋顶表面和室内温度。冬季，农作物枯萎，此时，北风侵袭建筑屋顶，仅依靠土壤层隔热不足以保护建筑。然而，冬季是寒冷地区建筑最需保护的时段。显然，这种建筑农业、农业与建筑的结合方式，不能实现建筑与农业种植一体化的可持续目标。

建筑与农业种植一体化是农业种植与城市建筑的有机结合，农业生产和建筑均具有明显的气候性特点，因此，建筑与农业种植一体化模式的判断，应考量气候性。

在农业方面，根据《农业气候区划》，中国被分为三个农业气候大区（一级区）、10个农业气候带（二级区）和55个农业气候区（三级区）。由于不同的气候带温度、光照等条件具有差异，

① 麦克唐纳，布朗嘉特. 从摇篮到摇篮——循环经济设计之探寻 [M]. 中国21世纪议程管理中心中美可持续发展中心 译. 上海：同济大学出版社，2005：111.

适宜的农作物品种、露天种植时段不同，相应地采取设施农业类型及作用方式也不同。即使同一农业气候带中的两个任意农业气候区也有不同之处。例如东部季风农业气候大区中的 I_3（9）（北京—唐山—大连区）和 I_3（11）（黄河下游南部区），其农业气候特征分别为暖温和暖热，露天农业种植分别为二年三熟和一年二熟。[①②③] 决定建筑与农业种植一体化中的农业生产形式时，露天种植时段是决定因素之一。

在建筑方面，根据《中国建筑气候区划》，全国被划分为 7 个热工分区，每个分区下辖 2 ~ 4 个不等的更低一级区划。每个热工分区对建筑的基本要求不同，相应的建筑形式、设施设备也不同。即使在相同的热工分区中的建筑仍有不同要求，例如寒冷地区的Ⅱ A 区要求建筑物应防热、防潮、防暴风雨等（图 3-3）。这种需求即为建筑需要农业生产提供的保护方式。

各地的建筑和农业的特点和需求，决定建筑与农业种植一体化运行模式，该模式是对指定地区的特定回应。为探索恰当的建筑与农业种植一体化模式，应基于对当地气候条件的研究，明确建筑和农业对所处环境的回应，而后耦合建筑和农业的需求，整合它们的资源。

3.5　气候差异下的农业种植

气候差异下的农业种植因素包括该地区适宜露天种植的时段、露天种植的不利气候因素和灾害、采用的设施农业类型和作用方式，以及这一地区农产品供应的周期性变化等。

3.5.1　中国农业气候区划

《中国农业气候区划》是全国范围内对农业气候资源的总结

① 李世奎 . 中国农业气候区划研究 [J]. 中国农业资源与区划研究，1998（3）: 49-52.

② 李世奎 . 中国农业气候区划 [J]. 自然资源学报，1987（1）: 71-84.

③ 张明洁，赵艳霞 . 近 10 年我国农业气候区划研究进展概述 [J]. 安徽农业科学，2012，40（2）: 993 ~ 997. 本文所用的中国农业气候区划是李世奎在 20 世纪 80 年代后期提出，属于第二次农业区划范畴。这次农业气候区划的划分受科学技术水平限制，其结果侧重于定性分析，满足建筑—农业一体化运行模式推演的初步判断需求。20 世纪 90 年代以来开展了农业气候的第三次区划。这次区划的精度更高，操作性更强，但还没有形成全国性区划，主要开展于各个省市和地区，在这里不作为建筑—农业一体化运行模式的参照指标和基础。

和统计，反映全国农业生产与气候关系的区域划分，解释农业气候的地区差异，分区阐述农业气候资源和农业气象灾害，[①] 指明该地露天种植条件，不同季节的适宜生产形式。

建筑与农业种植一体化中的农业种植与城市建筑结合的基础的为共享（温）室内环境调控资源，主要指供暖或降温的措施。《中国农业气候区划》的利用，在针对建筑与农业种植一体化运行模式推演过程中，着重于当地的光和热资源的研究分析。在温度方面，东部季风农业气候大区的I_2中温带≥ 0℃积温为2100 ~ 3900℃，西北干旱农业气候大区的II_{11}中温带≥ 0℃积温为 2400 ~ 4000℃。二者较为接近，I_2中温带与II_{11}中温带的差异小于I_2中温带与I_1北温带的≥ 0℃积温差异。

3.5.2　露天种植时段

农作物在适宜的温度、光照、湿度和二氧化碳环境条件下，可以正常生长发育。这些环境条件随种类和品种稍有变化，但总体范围相对固定。受限于各地不同的农业气候资源条件，各地适宜农作物露天种植的时间不同。[②]

温度方面，大部分蔬菜适宜生长发育的温度为 15 ~ 30℃，而满足生存需要的温度范围为 10 ~ 40℃。温度过高或过低都不能满足农作物需求。[③] 各地适宜露天种植时段不同。寒带地区因冬季温度过低不适宜露天种植，而热带和亚热带地区常夏季温度过高而不适宜露天种植。温带地区则可能同时存在上述两种问题。例如，地处温带的北京市，无霜期[④] 为 190 ~ 195 天，即当年的 4 ~ 11 月。一年中的其他时间，室外温度过低不适宜露天种植。7 ~ 8 月时室外温度过高，也不适宜露天种植。与之不同，地处热带的海口市全年无霜。1 月份月平均温度可达 17.7℃，[⑤]

---

① 李世奎. 中国农业气候区划 [J]. 自然资源学报，1987（1）：71-84.

② 建筑农业种植主体为蔬菜类农作物，本节中涉及的农作物指代蔬菜。

③ 10℃是喜温耐热蔬菜生长发育下限，也是喜凉耐寒蔬菜活跃生长起始温度。另外，喜温蔬菜满足生育要求的温度为 30 ~ 35℃，耐热蔬菜满足生长发育要求的温度为 35 ~ 40℃。所以，当温度低于 10℃或高于 40℃时，不能进行露天种植，当温度高于 35℃时，多数蔬菜不宜进行露天种植。

④ 无霜期是衡量当地适宜露天种植时间的重要指标，指一年中终霜后至初霜前的连续时间。无霜期越短，适宜农作物露天生长时间越短。

⑤ 1971 ~ 2000 年平均值，数据引自中国天气网。

冬季温度满足农作物露天种植需求。但 5 ~ 10 月温度过高，不适宜露天种植。

农作物对光照的需求体现在强度和时间两个方面。农作物对光照强度的要求体现为三个指标，光补偿点、光饱和点和适宜光照范围。为满足蔬菜生存的需求，光照强度应达到光补偿点；为使蔬菜正常生长发育，光照强度应处于适宜光照范围内，且不大于光饱和点。当光照强度长期低于光补偿点时，例如连日阴雨或雾霾的天气时，农作物呼吸作用消耗大于光合作用的产出，不利于积累干物质，极端情况下可导致农作物死亡。梅雨季节时的上海地区正是因为光照不足，容易导致农作物病害。当光照强度大于农作物光饱和点时，可能晒伤农作物，影响它正常的光合作用。例如，华北地区光照资源优越，春季和夏季的正午时，室外自然光照强烈，容易晒伤农作物。

决定农作物适宜露天种植时段的，除了温度和光照这些因素外，还有干旱、暴雨、强风和冻雨等灾害性天气。例如，海口地区夏季暴雨和台风，容易引发农作物的病虫害，造成蔬菜减产甚至绝收。此外，地区性的病虫害也是影响农作物露天种植的重要因素。为了减弱或去除不利因素对农业生产的影响，生产中采取以温室为代表的设施农业，用于不适宜露天种植时段的农业生产。

3.5.3 设施农业类型及运转的季节性需求

设施农业，指用于农作物种植的设施园艺。按照它对环境的控制能力分为人工环境调控温室、节能型日光温室、温室大棚、小拱棚、地面覆膜、遮阳网和防虫网等。其中，人工环境调控温室一般是联栋的温室，由纤细骨架和透明表皮构成，采用湿帘通风、采暖设备、遮阳卷帘、保温层和人工照明设施调节室内温度、光照和湿度环境。温室由计算机监测、控制农作物生长环境。温室冬夏可用，可全年不间断生产。节能型日光温室是中国北方特有的温室类型。这种温室一般东西横置，北侧为砖墙或土墙，南侧有拱形或折形的骨架，由透光材质覆盖。温室基于温室效应积聚热量，主动供暖或间歇采暖，以满足农作物的温度需求，主要用于自然界温度低于农作物需求的地区的时段，夏季基本不生产。温室大棚一般为拱形，由透明材料覆盖，是不供暖的温室形式，主要用于自然界温度略低于农作物需求的地区的时段，也用于抵御冻雨、台风或暴雨。节能型日光温室和温室大棚均配有保温隔热和遮阳设施，调节温室内环境。小拱棚和地面覆膜则用来保护农作物幼苗，或在早春时短期使用。遮阳网用于遮挡自然光照，减少农作物晒伤或降低农作物环境温度。防虫网隔离害虫与农作物，减少病虫害对农作物的影响。

针对气候条件和自然灾害，各地的设施农业方式不同。北京地区的主要采用节能型日光温室，运转于深秋、冬季和早春。这一地区冬季室外温度远低于农作物适宜的温度，1 月份平均温度只有 -4℃左右，日光温室主动供暖，提高温室内温度满足农作物需求。海口地区冬季主要面临冻雨的问题，采用温室、大棚种植农作物，抵御阴雨和冻灾，提高农作物的环境温度。此地冬季露天温度与农作物适宜温度差异不大，温室无须主动供暖。

温室为保障温度环境满足农作物需求，采取被动式和主动式措施。前者包括遮阳帘遮阳、保温层隔热等，后者指代主动供暖或风扇通风降温等措施。例如，节能型日光温室基于温室效应，依靠被动式措施积聚热量，这种生产方式适应当地漫长的冬季。人工环境调控温室除了被动式措施外，还依靠冬季供暖和夏季通风降温等设施调控室内温度环境，是全年可运转的温室，适用于冬季冷而夏季热的地区。

3.5.4 本地农产品供应

气候环境不仅决定了当地露天生产时段、采取的设施农业方式，进而还决定了农产品的供应。

现阶段，露天种植在农业生产中占主体地位。一般情况下，不适宜露天种植时段，正是本地蔬菜供应淡季，即全年中蔬菜供应自给率最低的时段。以北京市和海口市的本地农产品供应为例。北京地区有冬、夏两个蔬菜供应淡季，分别为 12 月~次年 4 月和 8 ~ 9 月。深秋、冬季和早春时的霜冻，夏季高温，不适宜露天种植，均为淡季形成的原因。夏秋淡季，5 ~ 10 月，是海口市蔬菜自给率最低时段。该地区冬季气候温和，但春夏和秋季则温度过高，且多发暴雨等灾害天气。

本地蔬菜供应淡季时，为满足当地消费需求，一般异地调运或增加本地设施农业生产。但远途运输而来的食品，产地与消费者餐桌距离大、从而具有较大的“食物里程”，本地设施农业的农产品在生产过程中消耗了大量的能源。[①] 此时，本地蔬菜市场需生产能耗低且“食物里程”低的农产品。所以，在确定当地建筑农业适宜开展时间时，常以本地蔬菜自给率年最低时段作为参考。

3.5.5　农业种植为建筑提供的季节性保护

农业种植活动保护建筑少受或不受不利气候和天气影响，它为城市建筑提供的保护分为两方面，当农作物位于建筑采光面内外时，枝叶遮挡进入室内的太阳光，消除眩光，控制室内光辐射量，降低室内温度。当农作物位于建筑屋顶或墙体外侧时，以露天的“农作物—土壤层”方式或温室空间，成为自然环境到室内环境的过渡，增加建筑围合面的热阻，提高建筑室内温度环境稳定性。

3.6　气候差异下的建筑及建筑与农业种植一体化模式

3.6.1　建筑的气候性和季节性需求

不同气候条件下，建筑形式、建筑采暖、通风和空调措施及围合面保温隔热需求具有差异。根据《建筑气候区划标准》（GB 50178-93），中国被分为七个热工分区，包括严寒地区Ⅰ、寒冷地区Ⅱ、夏热冬冷地区Ⅲ、夏热冬暖地区Ⅳ和温和地区Ⅴ等。每个热工分区对建筑的基本要求不同，有防寒或防热两种趋势。例如：寒冷地区（$Ⅱ_A$）的建筑应满足冬季保温、防寒、防冻等要求，夏季部分地区建筑兼顾防热，而夏热冬暖地区（$Ⅳ_B$）的建筑物必须满足夏季防热，遮阳、通风、防雨要求。建筑基本需求不同，导致建筑空间形式、采用的采暖或降温措施的需求差异。寒冷地

① Viljoen A，Bohn K. Continuous Productive Urban Landscapes：Designing Urban Agriculture for Sustainable Cities[M]. Oxford：Architectural Press，2005：25.

区建筑需要围合面的隔热能力，减少建筑热损失。夏热冬冷和夏热冬暖地区建筑夏季有遮阳、防热的要求。

3.6.2 与气候对应的建筑室内环境调控资源

为满足人对舒适环境的需求，不同气候区的建筑空间形式和室内环境调控措施不同。寒冷地区（$Ⅱ_A$）建筑为达到冬季防寒保温的要求，一般采用封闭的空间围合形式，减少建筑热量流失，因此，这一地区居住建筑的阳台一般采取封闭阳台的形式。此外，该地区建筑冬季采取集中采暖措施，供暖时段内要求房间中央温度达到 18℃。与之对应，夏热冬暖地区（$Ⅳ_B$）建筑的主要目的为夏季防热、遮阳，所以建筑相对开敞，利于组织通风降温，这一地区居住建筑的阳台采取露天的形式。

随着人们对环境舒适度的进一步要求，建筑开始采用空调调节室内环境。公共建筑是城市中采用空调的主要类型。公共建筑包括办公建筑、商业建筑、旅游建筑、科教文卫建筑和交通运输建筑，涉及的具体功能包括商场、酒店、写字楼、政府办公等，也包括文化、教育、科研、医疗、体育建筑等和机场、高铁站、火车站等。这些建筑采用空调调节室内温度时，除医院等对温度有特殊要求外，规定夏季室内温度不应低于 26℃，冬季温度不应高于 20℃。这样的温度环境接近农作物适宜的温度范围。当然，以体育馆、影剧院、酒店客房为代表的公共建筑，间歇性地采用空调系统调节室内温度，不能为农业生产提供稳定的温度环境，不适宜用于农业种植。与之对应的，办公建筑、学校、科研机构等建筑类型，使用空调时间相对固定、周期较长且相对连贯，适合用于农业种植。

3.6.3 建筑与农业种植一体化运行模式的推演机制

为确定适宜当地的建筑与农业种植一体化模式，明确当地的农业和建筑的气候性和季节性需求和资源。通过建立农业需求与建筑资源，建筑需求与农业资源之间的关联，最终确定建筑与农业种植一体化具体形式。

1）推演机制：农业需求与建筑需求的耦合

本地蔬菜自给率最低时段，需要低能耗生产和低“食物里程”

的农产品。建筑农业位于城市中，利用建筑室内环境调控资源生产，能为本地提供低生产能耗和“食物里程”的农产品。[①]

确定建筑农业生产时段后，应确定当地建筑是否有满足农业生产需求的室内环境调控措施。自然环境中，人与农作物适宜温度范围相近，二者采取的（温）室内环境调控措施的趋势相同。所以，城市建筑一般具有满足农作物需求的环境调控措施资源。例如，寒冷地区的建筑冬季集中供暖时，当地的设施农业生产也需要供暖措施。冬暖夏热地区的公共建筑采取空调降温时，当地的设施农业也需采取降温措施。如果建筑室内环境调控资源满足农业生产需求，可以初步确定当地的建筑农业生产形式。

2）检验机制：需求与资源的组合

受气候因素影响，各地建筑需求不同，在温度环境方面，主要分为防寒保温、防寒保温兼顾防热和防热通风三类。农业种植具有减少或消除不利气候和天气因素对建筑影响的作用，各地建筑的首要目的不同，需要的保护也有差异。

严寒和寒冷地区的建筑以防寒保温为主要需求，减少室内外热交换是该地区建筑的最主要目标，这里的农业种植活动应在冬季运行，基于温室效应积聚热量的温室空间是最适宜的方式。

冬热夏暖地区以防热为主要目的，为降低建筑夏季、春秋的室内温度，位于建筑屋顶和墙体外侧，采光面内外的农业种植都是恰当选择。

最后，夏热冬冷地区建筑以防寒保温为主要目的、兼顾防热，该地区建筑冬夏两季对农业种植的需求不同。冬季时，该地区建筑与严寒和寒冷地区建筑需求相同，农业种植宜采取建筑屋顶和墙体外的温室空间；夏季时，为达到防热降温的目的，该地区建筑应采取建筑屋顶和墙体外侧，采光面内外种植的方式（图 3-5）。

当采取的农业种植方式满足建筑的基本需求时，不利气候和天气条件下保护建筑少受室外环境影响，可以确定这种种植技术、

① 这一原则在蔬菜种植产区并不适用。例如，山东省是中国北方地区的冬季蔬菜供应基地，该地区采取节能型日光温室进行生产，冬季这里的蔬菜自给率并不低。然而，实际上当地的设施农业生产存在能耗。这种情况下，当地建筑农业的适宜运行时段判断不仅由本地蔬菜自给率决定，还应当考虑这一时段中是否适宜露天种植，以及如果采取设施农业生产，生产运行中是否存在能耗。

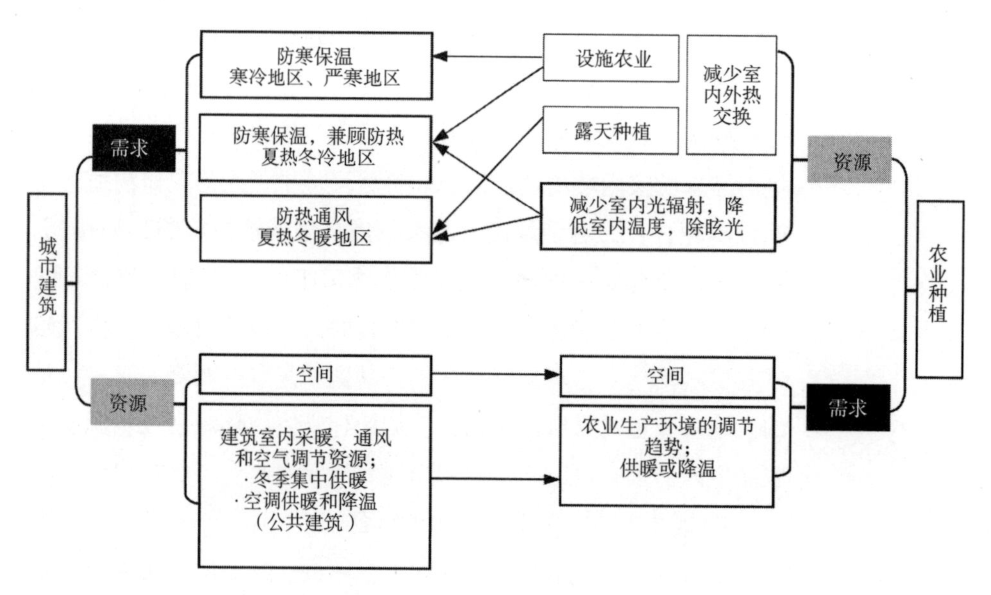

图 3–5　农业种植与城市建筑的相互作用
来源：作者自绘

生产时段和采取的保护措施原理适用于当地的建筑与农业种植一体化。

3）以北京市、上海市和海口市为例的建筑与农业种植一体化运行模式

北京市、上海市和海口市在《建筑气候区划标准》中分属寒冷地区、夏热冬冷地区和夏热冬暖地区，在《农业气候区划》中分属南温带、北亚热带和北热带，它们在建筑和农业领域都分属不同气候区，具有差异。以这三个城市为例，说明建筑与农业种植一体化运行模式的推演机制。

北京市冬季寒冷、夏季炎热，当地建筑以防寒保温为主要目的，城市建筑冬季大部分采取集中供暖。在农业方面，该地区适宜露天种植时段为 4 ~ 6 月和 9 ~ 11 月，冬季主要采用节能型日光温室进行种植，间或需要主动供暖，夏季生产需要遮阳、降温措施。因此，北京地区蔬菜供应淡季为冬季（包括早春和深秋），该地区建筑农业首要运行季节为冬季（包括早春和深秋），农业种植空间的原理接近节能型日光温室，生产过程中利用建筑室内采暖的热量。此外，夏季为降低室内温度，可以在采光面内外、建筑屋顶和墙体外侧种植农作物，利用公共建筑夏季空调降温的

室内环境调控资源（表 3-4）。

上海市冬季寒冷而夏季炎热，当地建筑基本要求为夏季防热、兼具冬季防寒。在农业方面，该地区适宜露天种植时段为 3 ~ 6 月和 9 ~ 12 月，蔬菜供应淡季为冬季和夏季，冬季生产采用温室，需主动采暖，夏季则需要降温措施使温度环境满足农作物需求。由于上海市建筑冬季并无集中供暖，而公共建筑利用集中空调系统采暖的方式。所以，夏季，上海市公共建筑采用空调降温。冬夏两季，当地的公共建筑室内环境调控措施都满足农业生产需求（表 3-4）。

海口市全年无霜，冬季温和，夏季炎热，当地建筑以通风防热为主要目的。在农业方面，该地区适宜露天种植时段为 11 月至次年 4 月。海南省是全国冬季蔬菜供应基地，冬季蔬菜供应全国多个省市，但具有漫长的夏季淡季。影响夏季生产的因素除高温外，还有暴雨、台风和虫灾，农业生产需采用遮阳和降温措施。该地区公共建筑夏季采用空调降温，满足农业生产需求。综合以上信息，这一地区的建筑农业运行时段为夏季，采用的方式包括在建筑屋顶和墙体外侧、采光面内外的农业种植，借用室内冷空气，目的为降低室内温度（表 3-4）。

北京市、上海市和海口市的农业、建筑因素和运行模式　　表 3–4

城市		北京市	上海市	海口市
农业[1]	农业气候区划	东部季风气候南温带I_3	东部季风气候北亚热带I_4	东部季风气候北热带I_8
	适宜露天种植时段	4 ~ 11 月（7 ~ 8 月温度过高）	3 ~ 12 月（7 ~ 8 月温度过高）[2]	11 月~次年 4 月
	不利气候和灾害因素	冬季低温冻害，夏季过强光照和暴雨	冬季低温、寒潮，春夏阴雨，夏季暴雨和高温，秋季干旱	冬季低温阴雨和冻灾，夏季高温、暴雨和台风、虫灾
	设施农业	冬季，采用日光温室和智能型温室，主动采暖；[3] 夏季遮阳和喷淋降温[4]	冬季，采用日光温室和智能型温室，主动采暖；夏季遮阳和喷淋降温[7]	冬季可以采用温室大棚防冻；夏季遮阳和喷淋降温，[5] 设防虫网
	农业环境调控趋势	冬季，主动采暖；夏季，降温	冬季，主动采暖；夏季，降温	夏季，降温
	蔬菜供应淡季	冬淡季：12 月~次年 4 月；[6] 夏淡季：8 ~ 9 月	冬淡季：1 ~ 2 月（3 月）；夏淡季：7 ~ 8 月（9 月）[7]	夏秋淡季：5 ~ 10 月[8]

续表

城市		北京市	上海市	海口市
建筑	建筑气候区划	寒冷地区II_A	夏热冬冷地区III_A	夏热冬暖地区IV_B
	建筑基本要求	应满足冬季保温、防寒、防冻等要求，夏季部分地区应兼顾防热	应满足夏季防热，遮阳、通风降温要求，冬季应兼顾防寒，且防雨、防潮、防洪、防雷电	应满足夏季防热，遮阳、通风、防雨要求，并防暴雨、防潮、防洪和防雷电
	建筑资源	冬季，建筑集中供暖；夏季，公共建筑集中空调降温	夏季，公共建筑集中空调降温	夏季，公共建筑集中空调降温
	建筑围合面保温隔热的需求	冬季，温室保温隔热；夏季，遮阳降温	冬季，温室保温隔热；夏季，遮阳降温	夏季，遮阳降温
运行模式	冬季	基于冬季供暖建筑的温室空间	基于公共建筑的温室空间	无
	夏季	基于公共建筑的种植空间		

注：① 李世奎．中国农业气候区划 [J]. 自然资源学报，1987（1）：71-84.
②李婷婷，高寿利，杨仕国．上海市设施园艺发展模式研究 [C]// 中国园艺学会观赏园艺专业委员会 2009 年全国观赏园艺年会，2009，585-590.
③吴长春．我国蔬菜设施栽培的气候分析与区划研究 [D]. 合肥：安徽农业大学，2009，20.
④方光迪，宋世君．京津及毗邻地区气候与蔬菜 [J]. 自然资源，1987（3）：13-24.
⑤穆大伟，周兰愉，江雪飞．海南园艺设施的特征与功能 [J]. 广东农业科学，2012（11）：198-200.
⑥张玉玺．北京市蔬菜价格波动的特点、原因及对策 [J]. 蔬菜，2011（7）：4-5.
⑦ 王统正．上海的蔬菜淡季及其对策 [J]. 中国蔬菜，1983（3）：42-45.
⑧吴海梅，叶冰冰，吴倩倩．海口市夏秋淡季蔬菜市场销售价格变化与原因分析及其建议 [J]. 中国果菜，2009（3）：50-51.

3.7 本章小结

建筑与农业种植一体化是农业种植与城市建筑的有机结合，基于该理念所形成的功能复合型建筑具有二元属性，人和农作物是这类建筑的共同使用者。通过对二者的光照、温度、空气相对湿度等生理需求的比较，总结共同点和差异，为农业种植与建筑空间整合提供理论依据和技术措施。

首先，人与农作物对温度环境有共同的需求。在自然界温度环境的背景下，人与农作物的适宜温度范围较为接近，在不利气候和天气条件下它们具有相近的（温）室内环境调控趋势，这一共性正是建筑与农业种植一体化中城市建筑与农业种植功能结合的基础。农业种植功能与城市建筑相结合，可以减少两类空间与自然环境接触的表面积，即采用环境调控措施时的散热面积，还通过人与农作物共享环境调控资源，降低农业生产和建筑运行能耗。

其次，人和农作物的光照需求差异显著。农作物对光照强度和日照时长的要求远高于人，决定了建筑与农业种植一体化中的种植空间应占据光照条件最为优越的区域，由此形成相应的空间布局。在此基础上，农业种植和建筑共享环境调控资源的策略亦得到明确。

其中，建筑农业包含露天种植和有保护的农业种植。当建筑农业采取露天种植方式时，它利用建筑屋顶或墙体的散热，延长农作物适宜生长时段。这时，农作物和种植介质共同作为建筑表皮的保护层，增加围合面热阻，减少室内外热交换。当建筑采取有保护的农业种植方式时，在气候和天气不利的情况下，种植空间利用建筑表面散热和空气交换带来的热量，用于农作物生长环境的维护。在这种情形下，种植空间利用温室效应和被动式太阳能技术，可以积聚、调节热量，帮助调节温度环境。

建筑与农业种植一体化运行模式确定应考虑建筑与农业种植一体化的农业因素，包括当地适宜露天种植时段、不利气候和天气因素、设施农业类型及作用方式、当地农产品供应的周期性变化等。露天不适宜种植时段大部分情况下伴随着本地农产品供应的低谷，这时，需要本地设施农业农产品或远途运输而来的农产品补充本地市场，二者或具有较高的生产能耗，或具有较高的食物里程。与之相较，同一时段的建筑农业生产依托建筑室内环境调控资源，能为城市提供蕴含较低生产能耗的农产品。所以，露天不适宜生产——本地农产品自给率低谷时是建筑农业应开展生产的时段，而这一时段的当地设施农业作用方式，则指出了建筑农业生产的环境调控趋势，应采取的被动式和主动式调控手段。

本章中建筑与农业种植一体化相关的建筑因素指建筑室内环境调控资源，包括两类：第一类具有明显的气候性特点，以中国北方地区的城市集中供暖为代表；第二类则普遍存在于大中型城市中，不具气候性特点，以各地公共建筑中采取的集中空调为代表。然而，二者的使用均与当地气候和天气条件相关。

基于对上述农业需求和建筑资源的认知，提出适宜当地的建筑与农业种植一体化运行模式及其推演机制。首先，明确当地建筑农业运行时段和农业生产的环境调控措施需求（供暖或降温），在此基础上，判断城市建筑在这一时段内是否具有相同趋势的环境调控措施。如果农业需求与建筑资源吻合，可以初步确定建筑农业的运行时段，种植空间形式和利用建筑环境调控措施资源的方式，随后，审视农业种植空间是否满足当地建筑主要需求（防寒保温或防热通风等）。如满足需求，则可确定这种方式是适合当地的建筑与农业种植一体化运行模式。本章的最后以北京市、上海市和海口市这三个分属不同建筑和农业气候分区的城市为例，说明这一建筑与农业种植一体化推演及判断机制。

第四章

北京地区
建筑与农业种植一体化设想

本章以北京地区的城市集合住宅为例，讨论建筑与农业种植一体化的空间形态问题。北京地区属于典型的暖温带半湿润大陆性季风气候，春季短促，日较差[1]大，干燥多风；夏季高温多雨，多发雷电、强降水；秋季亦短，晴朗少雨，冷暖适宜；冬季漫长，寒冷干燥。根据“农业气候区划”和《建筑气候区划标准》（GB 50178—93），北京地区属于东部季风气候南温带$Ⅰ_3$，位于寒冷地区$Ⅱ_A$的分区中。

与公共建筑类似，居住建筑也会受到气候因素的影响，其建筑形式和空间特点都具有显著的地区性和气候性。与公共建筑不同的是，居住建筑总体规模巨大，是城市中数量最多、分布最广的建筑类型。[2]因此，针对居住建筑的研究具有重要的社会意义。城市集合住宅[3]是中国城市中最常见的居住建筑类型，在人口密度较大、城市建筑密度大的北京地区更是如此，集合住宅在居住建筑中的数量和规模均占主体。

在确定建筑与农业种植一体化空间构成和作用原理基础上，基于其运行模式，为了明晰并落实建筑与农业种植一体化的空间形态和利用城市建筑环境调控资源方式，本章选择北京地区的城市集合住宅建筑作为研究对象，在明确地区气候特点、农业生产和建筑因素的限制条件下，提出适宜的建筑与农业种植一体化空间形态。

4.1 北京地区城市集合住宅的运行模式

根据前文的论述，可知建筑与农业种植一体化的运行模式包括契合气候条件、甄选种植时段和农作物、应对本地供应环节等内容。城市集合住宅作为城市建筑的组成之一，在实践建筑与农

① 日较差为日最高温度和日最低温度之间的差值。

② 根据北京市统计局、国家统计局北京调查总队每年发布的“北京市国民经济和社会发展统计公报”，2013 年全市国有建设用地供应总量 4610hm²，其中住宅用地 1783hm²；2014 年全市国有建设用地供应总量 3160hm²，其中住宅用地 1195hm²；2015 年全市国有建设用地供应总量 2300hm²，其中住宅用地 877hm²；2016 年全市国有建设用地供应总量 2072.2hm²，其中住宅用地 469hm²；2017 年国有建设用地供应总量 2826.5hm²，其中住宅用地 1087hm²。除了 2016 年，其余年份住宅用地的占比均超过 37%。

③ 城市集合住宅的概念源于日本，在中国也称“多户住宅”。它是指“一幢建筑里包括多个居住单元，由多户居住，他们共用公共走廊、电梯和楼梯”。

业种植一体化的过程中，同样要考虑到这些因素。本小节将分析北京本地的气候要素，继而明确当地的农业生产和建筑应用特点，在此基础上总结适宜的建筑农业运行时间和农业生产方式。

4.1.1　气候与农业生产特征

1）建筑农业适应气候条件

北京市的全年平均气温为10～12℃，其中1月平均气温为–7～–4℃，7月平均气温为25～26℃；年极端最低温度达–27.4℃，极端最高温度可达42℃。[①] 该地无霜期为4月下旬～10月上旬。在大部分年份中，5～10月的月平均气温达到10℃（表4-1）。北京地区光照辐射条件良好，全年日照时数2600～2800h，在中国，这一时长仅少于青藏高原和西北地区。该地区降水不均匀，全年降水量的80%集中在夏季6月、7月、8月三个月，其中7月和8月多出现强降雨。

北京地区1965～1990年气候资料（单位：℃）　　表4-1

	1月	2月	3月	4月	5月	6月	7月	8月	9月	10月	11月	12月
平均最高气温	1.6	4.0	11.3	19.9	26.4	30.3	30.8	29.5	25.8	19.0	10.1	3.3
平均气温	–4.3	–1.9	5.1	3.6	20.0	24.2	25.9	24.6	19.6	12.7	4.3	–2.2
平均最低气温	–9.4	–6.9	–0.6	7.2	13.2	18.2	21.6	20.4	14.2	7.3	–0.4	–6.9

数据来源：北京市气象局。

根据气候特征，确定农业生产的运行时段和作物类型。综合考量北京市的气温、光照、降水等要素，适宜露天种植的时段大致在每年的4～10月。而建筑农业一般多以蔬菜作为主要的种植对象，所以需要根据其生长特点进一步精细化考虑。在6～8月，由于气温会超过30℃，且通常会有暴雨、大风等农业灾害天气的发生，易诱发各种病虫害，并不适宜露天蔬菜种植。于是，该

① 数据来源：http：//gb.weather.gov.hk。

地区的露地种植以春、秋两季为主。①

为充分利用土地和自然资源，也会采用一些耐寒或耐热的蔬菜种类和品种，进行严寒或炎热天气下的短期种植。例如，9月下旬、10月上旬至次年4月的越冬种植，品种包括菠菜、芹菜等；2月、3月至5月的早春种植，包括小油菜等；6～8月、9月种植的夏季种植，品种包括豇豆、菜豆和小白菜等。② 虽然这些耐寒或耐热的品种能在一定程度上供给本地市场，但无法完全满足当地的蔬菜需求，还需要其他途径进行补充。综上，北京地区的冬季（包括早春和深秋时节）、夏季并不是蔬菜露天种植的适宜时段。

2）各具特点的设施农业

已知北京地区的冬、夏两季不适合进行露天种植，该时段主要依靠设施农业进行生产。北京市政府曾于2008年发布《关于促进设施农业发展的意见》（京政发〔2008〕30号），旨在充分利用资源、提高土地产出率，时至今日全市的设施农业生产已经具有一定规模。目前，所采用的设施农业类型主要包括温室大棚、节能型日光温室和联栋温室（人工环境调控温室）等。截止到2011年底，北京市的设施农业总面积达到1531.49hm^2，其中，日光温室1095.79hm^2，钢架大棚389.2hm^2，联栋温室46.5hm^2。③

各类设施具有不同的建造方式和运行特点，节能型日光温室主要针对寒冷季节生产，联栋温室可在冬、夏两季使用。然而，由于北京地区地处北纬35°～43°，联栋温室运行中，冬季加热耗能费用约占总生产成本的30%～70%④⑤，运行能耗造成了生态和经济压力。而节能日光型温室具有更为良好的保温性能，采取这类温室能降低生产成本。所以，节能型日光温室是当前北京地区设施农业生产的主体类型。

节能型日光温室由采光面、后墙、后屋面和山墙组成（图4-1、图4-2）。温室尺度、前屋面角与后屋面仰角角度，以及后墙材料

---

① 方光迪，宋世君．京津及毗邻地区气候与蔬菜[J]. 自然资源，1987（3）：18-19.

② 方光迪，宋世君．京津及毗邻地区气候与蔬菜[J]. 自然资源，1987（3）：20-22.

③ 崔明端，李瑞芬，周玥涵．北京设施农业发展的问题与对策研究[J]. 北京农学院学报，2013，28（2）：76.

④ 邱建军．温室保温覆盖材料传热系数的测定[D]. 北京：北京农业大学，1995.

⑤ 万学遂．我国设施的现状和发展趋势[J]. 农业机械，2000（11）：4-6.

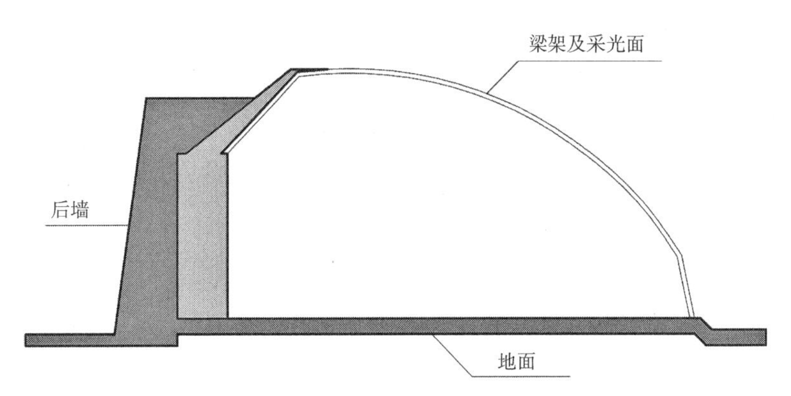

图 4–1　节能型日光温室剖面（做法之一）
来源：作者自绘

和构造方式多样。温室跨度一般为 7 ～ 12m，脊高为 3 ～ 4.5m。后墙采用黏土砖或陶粒砌体砖砌筑，也采用推土墙堆砌作为主体结构，并附加聚苯板等保温材料。①

日光温室运行的基本原理为，基于温室效应积聚热量，吸收太阳光辐射提高室内温度。日光温室在北京地区早春、深秋和冬季运行时，后墙抵御北风侵袭，降低温室热损失。日间，温室采光面透射自然光，温室内积聚热量，提高温度；夜间，采光面上铺设草帘等保温隔热层，减少温室的热量流失。早春和深秋时段，以上措施可以有效保障温室内温度，满足农作物生长需求。此类温室仅在一年中最冷的冬季需要采取主动供暖，运行能耗低，低碳节能。近年来，一些日光温室通过增加外遮阳、内保温、开窗机和风机 - 湿帘等设备，调节温室内温度环境，使其也可用于夏季生产。②

3）补充本地蔬菜供应

建筑农业种植以蔬菜为主的农作物，所以在本地农产品供应分析中，以蔬菜为研究对象。露天种植是蔬菜供应的主体，当不适宜露天种植时，本地蔬菜自给率下降。根据 2009 ~ 2010 年的北京市蔬菜市场供应调查，北京市蔬菜供应年自给率平均为 10% 左右。其中，冬季和早春（12 月~次年 4 月）的市场蔬菜自给率

① 刘思莹，戴希楠，黄龙等 . 北京地区常用类型日光温室的冬季气温特定分析 [J]. 中国蔬菜，2011（22/24）：21.

② 周长吉 . 现代温室工程 [M]. 北京：化学工业出版社，2010：74.

图 4–2　节能型日光温室内部
来源：作者拍摄

为 5.69%，为全年最低；春夏之交（5 ~ 6 月）的蔬菜供应自给率为 12.26%；夏季（7 ~ 9 月）的蔬菜供应自给率为 15.51%，为全年最高；秋季（10 ~ 11 月）的蔬菜供应自给率为 9.21%（图 4-3）。① 冬季和早春是自给率最低的时段。

为满足本地居民的蔬菜需求，一般以本地或附近地区的设施农业种植和远途异地运输的蔬菜作为补充。调查表明，在冬季和早春时，供应北京蔬菜的主要有两类，有来自山东、河北等处的北方设施农业栽培蔬菜，也有来自海南、广东、广西和云南四省的露地栽培菜。② 前者具有较高的生产能耗，后者具有较大的“食物里程”。为给城市提供低生产能耗和“食物里程”的农产品，

① 赵友森，赵安平，王川．北京市场蔬菜来源地分布的调查研究 [J]. 中国食物与营养，2011，17（8）：43.

② 按照北京市的气候条件，每年 7 月 ~ 9 月应是当地蔬菜供应夏淡季。而调查结果显示，这段时间北京地区蔬菜供应自给率反而全年最高。考虑到北部地区的气温低于南部，夏季温度低，满足蔬菜生长发育的基本需求。所以，北部地区蔬菜生产夏季时成为北京市蔬菜供应的主体，它的供应提高了当地的蔬菜自给率。

北京地区的建筑农业应开展于这一时段。

4.1.2 城市集合住宅的环境特点

参照《建筑气候区划标准》，北京地区建筑的基本需求为冬季保温、防寒、防冻，夏季部分地区兼顾防热。城市集合住宅亦然，冬季采取以集中供暖为主的温度调控措施，供暖时间为11月15日~次年3月15日。根据《北京市供热采暖管理办法》（2010年4月1日起施行），在集中供暖期间，建筑的主要房间中央位置温度大于等于18℃，其他房间不低于14℃（表4-2）。当前集合住宅的供暖媒介为热水，这种方式发热持续，能为室内提供稳定的温度环境，使建筑有持续的热量补充，保证室内环境接近农作物生产所需温度。

室内采暖计算温度　　表4-2

用房	温度（℃）
卧室、起居室（厅）的卫生间	18
厨房	15
设采暖的楼梯间和走廊	14

来源：中华人民共和国住房和城乡建设部，中华人民共和国国家质量监督检查检疫总局．住宅设计规范 GB 50096—2011[S]. 北京：中国建筑工业出版社，2012：26.

此外，受建筑采光需求和当地文化传统的影响，北京地区集合住宅建筑多采取“坐北朝南”的朝向。而基于当地寒冷的气候特点，建筑南立面采用较大面积玻璃，以便充分获得太阳辐射热，这使得建筑南侧室内采光条件优良。此外，在当地的新建住宅中，阳台一般采用封闭的方式，由至少一面的透光材质围合而成，采光条件良好。

4.1.3 生产时段与运行模式

根据北京市的气候条件，以及各类设施农业的特性，可以确定相应的生产时段和运行模式。北京地区的蔬菜供应淡季为冬季和早春，而不适于露天种植生产的时段为10月~次年4月。该时段室外气温过低，须采用设施农业生产。考虑到蔬菜成熟周期，

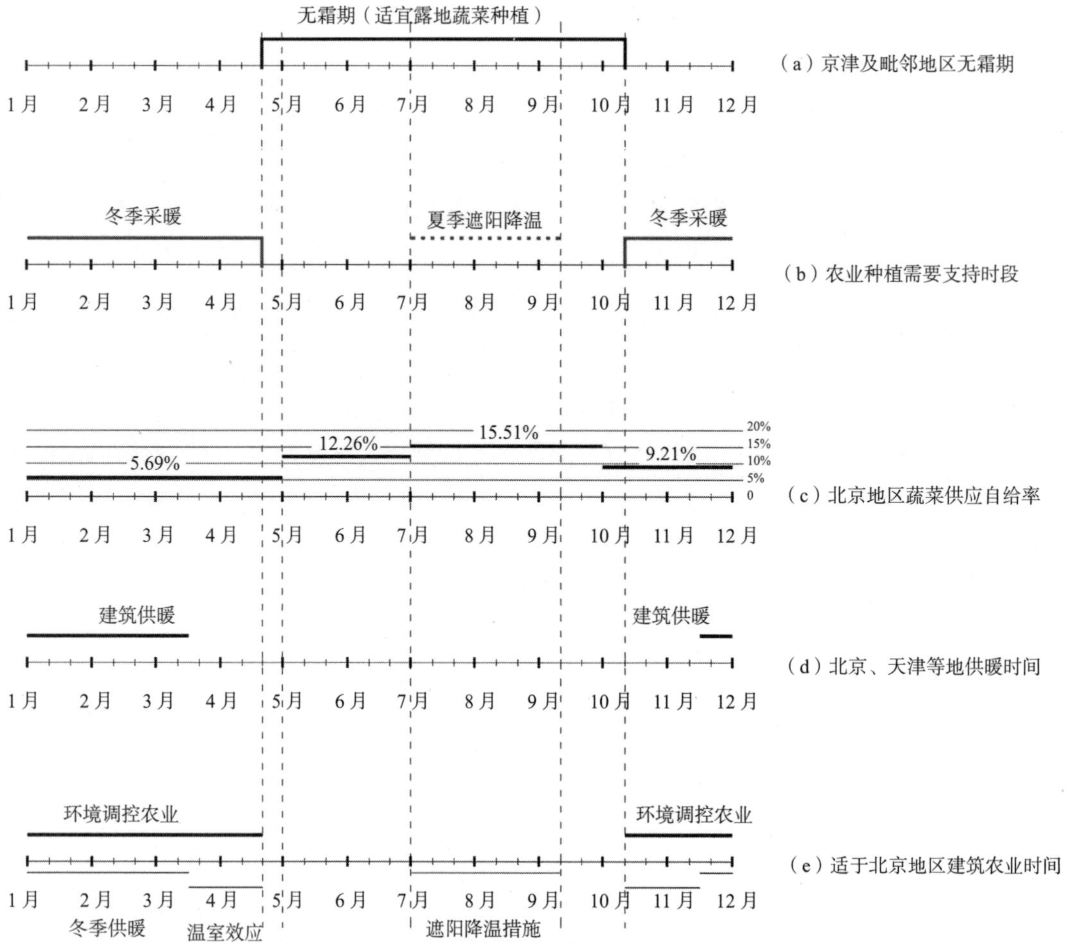

图 4–3 建筑农业种植时间推断图

（a）数据来源：方光迪，宋世君．京津及毗邻地区气候与蔬菜 [J]. 自然资源，1987（3）：13-22.
（c）数据来源：赵友森，赵安平，王川．北京市场蔬菜来源地分布的调查研究 [J]. 中国食物与营养，2011，17（8）：43.
来源：作者自绘

建筑农业适宜开展时段为 10 月中下旬[①] ~ 次年 4 月中下旬（图 4-3）。这段时间中，该地区采用以节能型日光温室为主的设施农业类型。日光温室可以充分利用自然光照，在内部积聚热量，仅在冬季最冷时段需要人工供暖。而北京地区城市集合住宅在每年的 11 月 15 日 ~ 次年 3 月 15 日时，采取以集中供暖为主的供暖措施，满足农业生产的环境调控需求。

① 考虑到蔬菜成熟周期，将种植时段由冬淡季开始时间提前 1 个月。

适用于北京地区城市集合住宅的农业种植空间多采取透明材质表皮，与建筑屋顶或墙体结合，运行时段内的作用方式类似于日光房。种植空间在日间集聚热量，在夜间保温隔热，使得温室内温度高于自然环境。它与集合住宅的结合可以有效减少住宅建筑的室内外热交换，降低建筑运行能耗。

4.2　建筑与农业种植一体化空间形态、技术支持与应用

建筑与农业种植一体化模式研究包括三个方面，农业种植空间的构成与形态、农业种植空间与城市建筑共享环境调控资源的方式、以资源共享为理论基础的农业生产运转方式。一体化模式，根据城市建筑的环境资源条件、农业种植的空间位置等因素的差异，形式不同，具有形式的气候适应性和操作的季节可变性。

北京地区位于北半球，农作物为获得充分自然光照，种植空间需暴露于自然光下，位于建筑屋顶或南侧区域。所以，针对北京地区“坐北朝南”的集合住宅，[①②③] 种植空间位于建筑顶部和南立面外。剖面上，种植空间呈倒 L 形，横边为屋顶温室，竖边为竖向温室（图 4-4、图 4-5）。

4.2.1　种植空间形态与种植技术

建筑中的种植空间包括屋顶温室和南侧温室两部分。两个温室可以单独存在，也可以并存，并将空间连通。基于北京地区的气候条件和温室的生产特点，屋顶温室可以全年运转，南侧竖向温室每年 6 月 10 日 ~ 8 月 31 日期间停止运行或减缓生产。由于这段时间室外环境温度过高且太阳辐射强烈，竖向温室缺乏有效地降温措施，温室内温度过高，影响农作物生长。

屋顶温室基于日光温室的作用原理，与居住空间及其室内温

① 为获得充足的自然光照，节能型日光温室一般东西横置，后墙在北侧。研究表明，温室最佳的角度并非完全的“坐北朝南”，在偏东或偏西 5° 左右，太阳光利用效果较佳。所以实践中，建筑可以在这一范围实现一定程度偏转。

② Critten D L. The Effect of House Length on the Light Transmissivity of Single and Multispan Greenhouse. [J]. Journal of Agricultural Engineering Research，1984（32）: 163-172.

③ 魏文铎，徐铭，钟文田等 . 工厂化高效农业 [M]. 沈阳：辽宁科学出版社，1999.

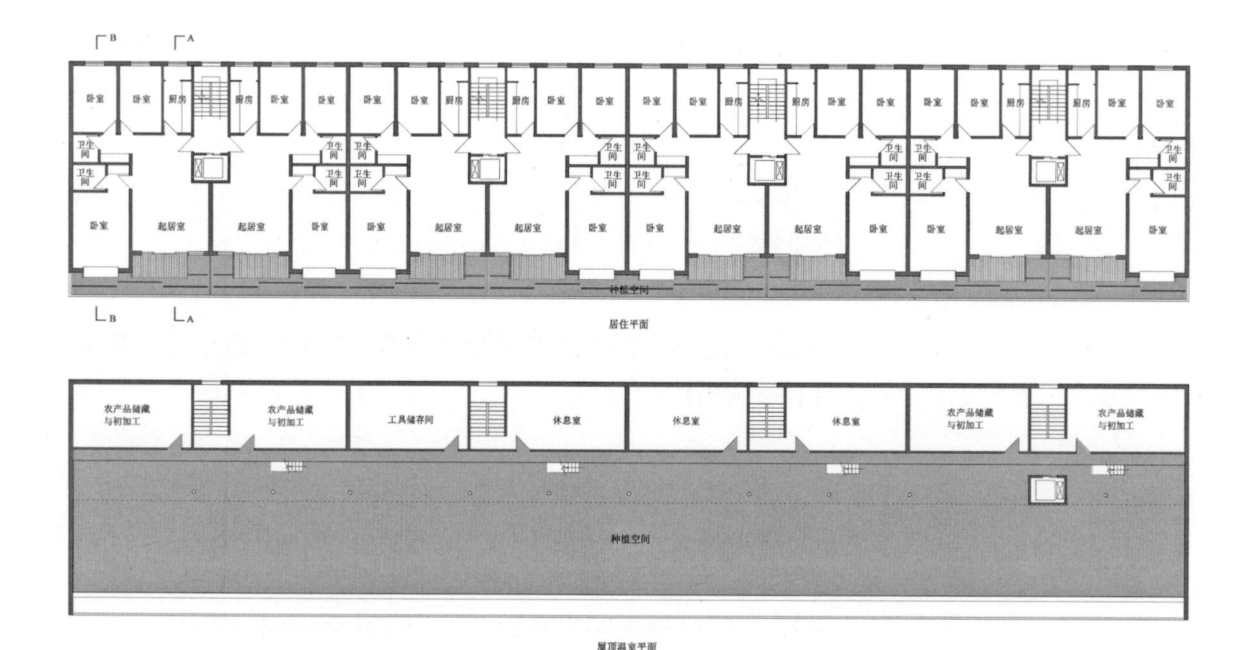

图 4-4　北京地区某集合住宅的建筑与农业种植一体化平面图
来源：作者自绘

度环境调控资源有机整合。温室前屋面角为 30°，处于北京地区日光温室的最佳角度范围内，而透光面采用透光率较高的太阳能光伏玻璃。其次，温室北侧布置包括储藏、初加工和工具室等功能空间，将包装、初加工等功能有效组织在生产空间周围，减少流通环节和相关资源投入。此外，基于热空气上升的原理，温室内部上层空气温度较高，而下层空气温度较低。为充分利用空间和热量，温室内设置了二层种植平台。在建筑农业主要运行时段（10 月 20 日~次年 4 月 20 日）中，温室两层种植面积大于单层温室的种植面积，实现了空间效率最大化（图 4-4）。[①] 最后，为保障种植空间的完整性，减少电梯间（筒）阴影对种植面的遮光效果，居住建筑的电梯机房下置，仅保留一部直达屋顶温室的电梯，其余电梯均仅到达居住空间的最高层。

屋顶温室采取土壤种植技术，种植空间铺设厚度为 35cm 的

① 由于太阳高度角的周期性变化，在追求空间效率和生态效益的前提下，两层种植台面很难保障全年暴露在直射光下。为了保障在本地农产品供给率较低时，建筑农业的持续生产，在每年 10 月 20 日至次年 2 月 20 日期间，直射太阳光全天覆盖种植区；在每年 2 月 20 日至 4 月 20 日期间，种植区能获得满足需求的直射太阳光。

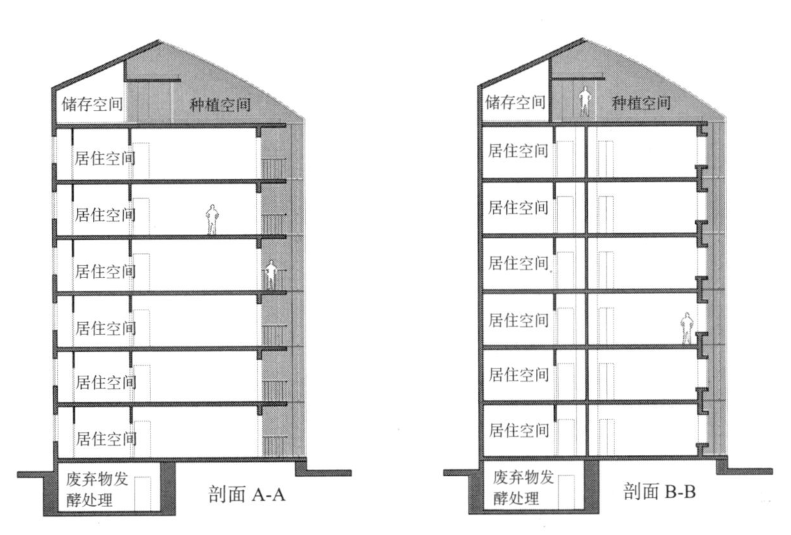

图 4–5　北京地区某集合住宅的建筑与农业种植一体化剖面图
来源：作者自绘

土层。一方面，与立体的无土栽培设施相较，土壤具有较好的储热和导热效果，不仅能有效储存热量，还能将建筑屋顶散发的热量和室内空气蕴含的热量有效地传递给植物根系；另一方面，采用土壤栽培技术时可以配合使用有机肥，从而资源化利用以厨余垃圾为代表的城市有机废弃物，促进城市物质的健康循环（图 4-5）。

建筑南侧布置竖向温室，温室内部空间通透，不设楼板。考虑到集合住宅空间划分的特点，温室采取水平布置并可沿轨道拉动的栽培架。通过推动栽培架，居民站在阳台或飘窗，接触到所属的四个栽培架，进行定植、收获以及日常维护工作。适用于居住建筑的竖向温室并非一个尺度单一的"玻璃幕墙空间"，进深尺寸从 1 ~ 2.35m 不等。住宅建筑通过开敞阳台和室内飘窗的方式与温室产生联系。春季、秋季和冬季里，开敞阳台都可以作为生活阳台，用于休闲娱乐。此外，阳台上还可以种植对光照要求较低的农作物和景观植物。阳台与室内采取推拉门的方式隔断，视野通透，将绿色的农业景观引入室内。竖向温室中可以采取无土营养液或土壤栽培技术（图 4-6）。前者优势在于生产效率高，它采用精密配方的营养液，可以持续不间断的生产，后者优势在于可以配合使用有机废弃物发酵处理的沼液，有助于促进城市物质循环。

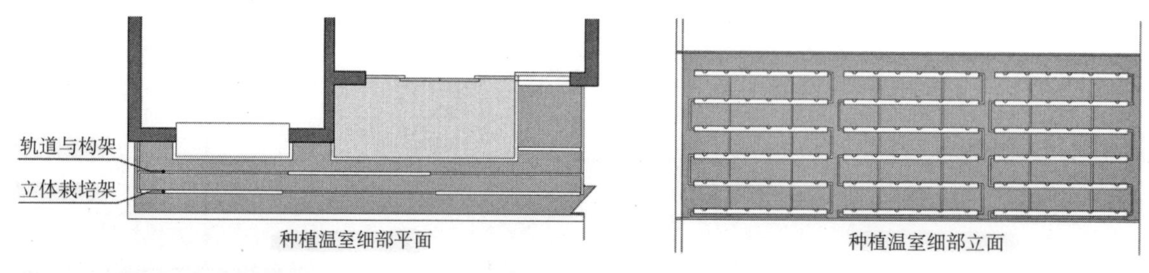

图 4-6 南侧温室种植细部
来源：作者自绘

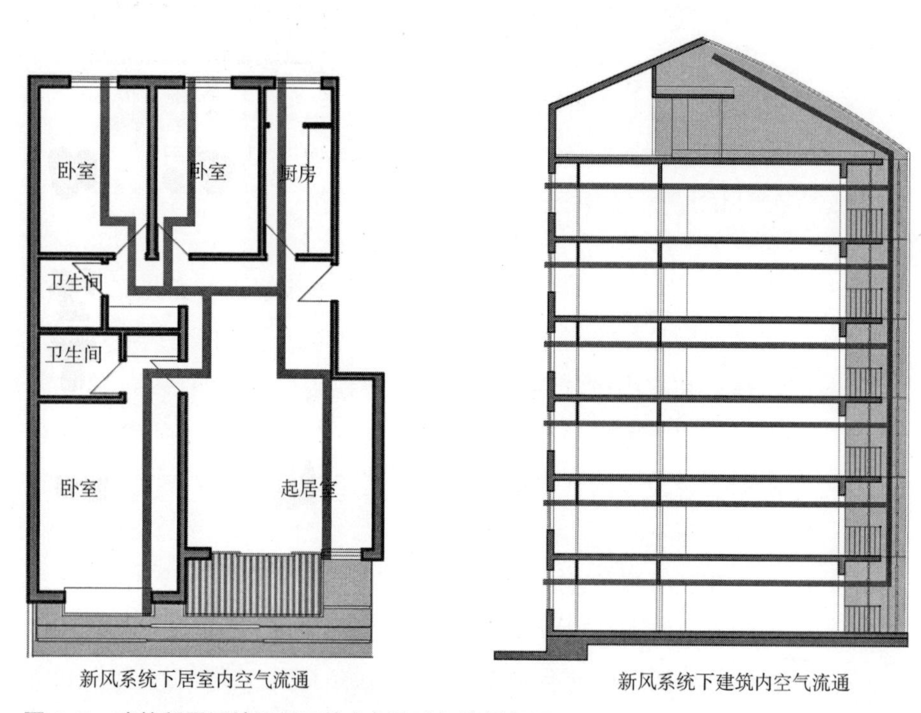

图 4-7 建筑新风系统运行下的空气流动与热量积累
来源：作者自绘

屋顶温室和竖向温室与居室共享室内温度环境调控资源。温室位于居室外侧，直接利用建筑屋顶或墙体散发的热量。此外，建筑居室空间内布置新风系统，进风口设置在北侧，而出风口设置在南侧窗。寒冷冬季室内有主动供暖时，或炎热夏季室内开启空调时，开启新风系统。温室利用建筑通风时携带的热量。冬季，通风过程中，室内热量随着热空气上升，通过整个竖向温室，达到屋顶温室（图 4-7）。在适宜露天种植季节，同时适宜人室外自由活动的季节中，居住空间和种植空间都可采用自然通风。

4.2.2　主被动式太阳能技术及应用

建筑与农业种植一体化的种植空间采取了主动式和被动式两类太阳能利用技术。种植空间与太阳房相似，基于温室效应积聚热量。为了获得相对稳定的温度环境，种植空间着重于日间储热和夜间防止损失。为满足农作物的日夜温度需求，减少夜间温度损失，屋顶温室铺设保温卷帘提高隔热能力，以保障寒冷天气里夜间温室温度。所以，种植空间应着重提升蓄热能力，配合围合面保温隔热。基于这一考虑，屋顶温室和竖向温室内部采用蓄热构件，屋顶温室还采取土壤种植的方式，利用土层共同加强空间储热、调节温度的能力（图 4-8）。

北京市属于华北地区北部，是除青藏高原外，中国境内自然光辐射最为充足的地区。这一条件既适宜设施农业生产，也适宜光伏发电。二者都需要充分的自然光照，在高楼林立的城市环境中，屋顶是最优选项。实际上，二者在利用自然光方面存在着共性，即日光温室前屋面角度与光伏电板适宜角度接近。基于这一

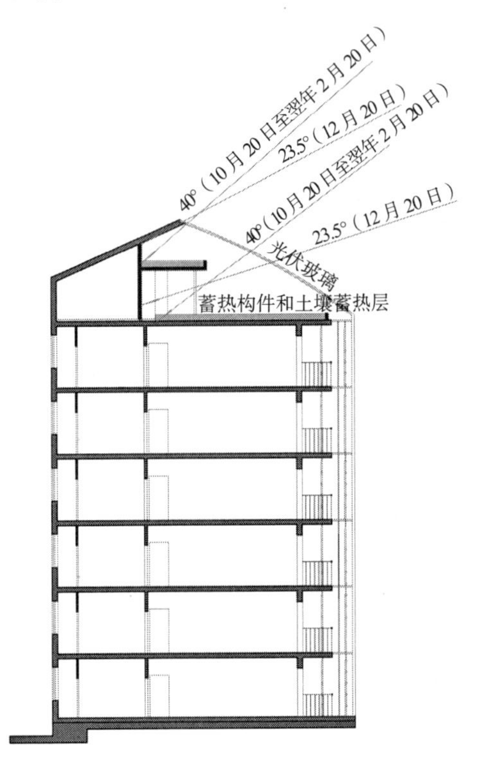

图 4–8　被动式太阳能技术与空间内部光照条件
来源：作者自绘

共性，经由空间整合，引用了“光伏大棚”这类综合性设施农业的出现。目前的“光伏大棚”指在钢化玻璃上增加光伏薄膜的做法。实践中，通过调整光伏薄膜与普通玻璃的间隔，控制进入室内的自然光照，温室内部透光率在 15% ~ 80% 之间。

考虑到建筑的整体性，建筑与农业种植一体化中的屋顶温室和竖向温室采用的光伏玻璃由玻璃、PVB（EVA）胶膜和太阳电池组成，类似于胶合玻璃，其透光率在 5% ~ 80% 之间。此外，中空光伏玻璃或超白玻璃也可以用于设施农业透光面。其中，超白玻璃的透光率最高可达 92%。

4.2.3 种植空间的四季运转

基于北京地区集合住宅的建筑农业主要运行时段为深秋、冬季和早春，即 10 月中下旬~次年 4 月中下旬。这一时段中，室外环境温度较低，种植空间基于温室效应积聚热量，并采取夜间保温措施，加之居室内供暖，温室温度环境满足农作物需求。除极端天气外，无须为农业生产投入用于维护温度和光照环境的能源。

4 月中下旬之后，随室外环境温度逐步升高，种植空间内温度也快速升高，如不采取相关措施，正午前后温度可达 40℃以上，依靠自然通风不足以满足农作物需求。4 月中下旬 ~ 6 月初，9 月中下旬 ~ 10 月中下旬，通过加强通风、遮阳和开启风机 - 湿帘等措施调控温室内温度环境，实现连续生产。夏季（6 月中下旬~ 9 月初）时段，可充分利用屋顶温室的（外）遮阳、（内）保温、开窗机、风机 - 湿帘等设备，控制温室内温度。①

4.2.4 在不同类型集合住宅上的应用

日光温室跨度一般在 7 ~ 12m 之间，长度在 60 ~ 80m 之间，所以，最适宜屋顶温室的住宅类型为“坐北朝南”的“板式住宅”。然而，城市中存在着大量“塔式”“板塔结合式”或其他类型集合住宅。

考虑到种植空间原型——日光温室的作用原理，当温室跨度过大时，意味着温室过高，热量损失等问题，所以，这类温

① 周长吉 . 现代温室工程 [M]. 北京：化学工业出版社，2010：74.

室跨度极限为 12m。而日光温室的东西两侧山墙主要功能为保温，采用不透光材料，所以，日出后、正午前和日落前、正午后，墙体在地面造成阴影，影响种植区的自然采光。为了保障室内光环境，温室应达到一定的长度，其长度应至少达到 60 m。根据上述原则，与种植空间结合的建筑长度应尽可能接近 60m，而当建筑进深较大时，在保障后排温室采光的前提下，可以布置多排温室。建筑南侧自然光照条件最为优越，最适宜进行农业种植，布置竖向温室。

4.2.5　建筑的总体高度控制

屋顶温室和竖向温室增加了居住建筑的高度和进深，为了减少这种变化对城市周围建筑采光的负面影响，可以调整屋顶温室的脊线位置。冬至是全年中正午太阳高度角最低的时段，此时正午太阳高度角为 26° 34′，如降低日光温室后墙高度，并将种植空间北侧屋顶的整体倾斜角度调整至与此时的直射光线相同，将减少温室阴影面积（图 4-9）。温室的进一步调整方案和定量计算结果，需在具体的城市环境条件下进行计算机模拟。

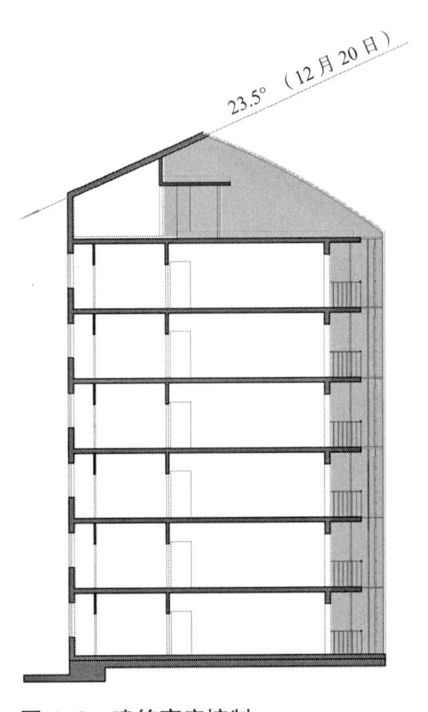

图 4–9　建筑高度控制

来源：作者自绘

4.3 建筑与农业种植一体化的可持续属性

建筑与农业种植一体化是城市建筑与农业种植资源的有机整合。它们的结合不仅可以降低建筑运行和农业生产能耗，还能充分、复合地利用有限的空间，为居民提供丰富的农产品和能源产品。

4.3.1 降低建筑能耗

研究采用 Design Builder 软件[①]，针对北京地区建筑农业主要运行时段中的集中供暖期，对普通集合住宅和农业种植一体化集合住宅的居住空间能耗进行比较，说明这一时段中，与种植空间结合的居住建筑运行能耗更低。

1）住宅模型

居住建筑原型选取六层集合住宅。普通的集合住宅南侧阳台为全封闭阳台，而与农业种植空间结合的集合住宅，屋顶和南侧布置温室，南侧阳台设定为开敞阳台，暴露于温室空间中（图 4-10）。建筑东西横置，有 4 个重复单元，总长度为 69.2m。普通集合住宅进深为 13m，与农业种植结合的集合住宅进深为 13.8m（图 4-11）。

2）基本设置

普通集合住宅和农业一体化集合住宅采取的外墙、屋顶（平、坡）、地面和外窗材料相同，符合北京地区居住建筑规范要求。农业种植空间采用的光伏玻璃由玻璃、PVB（EVA）胶膜和太阳电池组成，模拟中选择可见光透射率较高的一种（表 4-3）。

模拟时间范围即建筑农业运行时段（10 月中下旬 ~ 次年 4 月中下旬）中的采暖季节（11 月 15 日 ~ 次年 3 月 15 日）。按规范要求，当采取主动供暖时，居住建筑室内主要空间中央温度大于等于 18℃。建筑采用热水辐射系统，热能系数（*COP*）为 0.89，以天然气为热源，采暖季节中居室通风换气次数为 0.5 次 /h。而

① DesignBuilder 模拟系统由英国的 DesignBuilder 软件公司开发研制，通过可视化用户界面进行快速建模（rapid building modelling）和动态能耗模拟（dynamic energy simulation）。本书采用的是 V3 版本。

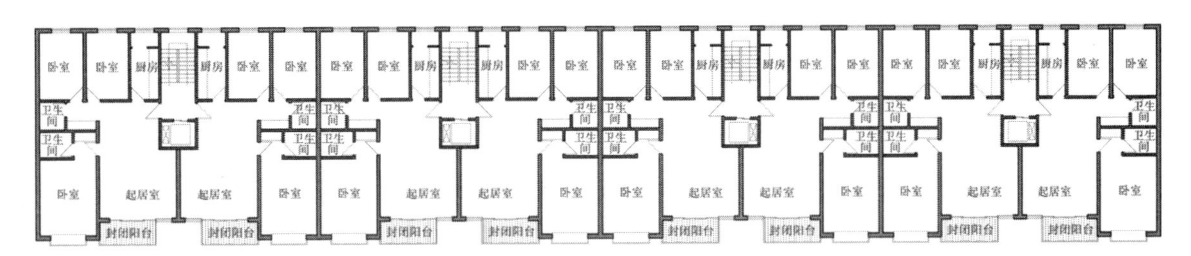

图 4-10　普通集合住宅标准层平面图
来源：作者自绘

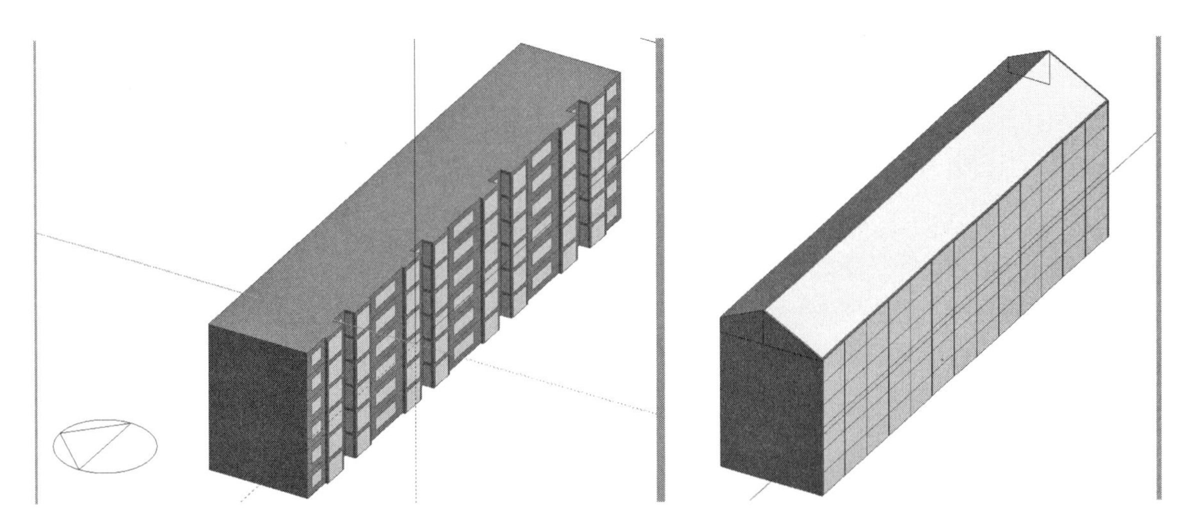

图 4-11　普通集合住宅与农业一体化集合住宅模拟模型
来源：作者自绘

为满足蔬菜类农作物的需求，种植空间的设定温度环境具有一定的昼夜温差，全天温度处于 10 ~ 30℃之间（表 4-4）。

围合结构层各项指标　　**表 4-3**

位置	综合传热系数 K 值 [W/（m^2·K）]	主要构造层	太阳能得热系数	可见光透射率
外墙	0.4	200mm 厚钢筋混凝土墙，140mm 厚 EPS 板	—	—
屋顶（平、坡）	0.34	100mm 厚钢筋混凝土屋面板，90mm 厚 EPS 板	—	—
地面	0.38	—	—	—
普通外窗	1.8	—	0.7	0.8
光伏玻璃	3.0	—	0.8	0.8

建筑与农业种植一体化中种植空间与居住空间运行参数 表 4–4

位置	时间	温度范围
居住空间	全天	18℃以上
种植空间	日间	20 ~ 30℃
	夜间	10 ~ 20℃

模拟计算中，居住空间采取主动供暖，种植空间不采用主动供暖，仅依赖温室效应积聚热量，通过与居室、室外的通风解决日间温度过高和夜间温度过低的问题。根据建筑不同时段的通风需求，测试时段分为四部分。其中，12 月 1 日~次年 2 月 28 日（29 日）控制夜间通风，提高夜间温度。3 月 1 日 ~ 3 月 31 日和 10 月 21 日 ~ 11 月 30 日，采取适当通风，缓解日间温度过高的问题。4 月 1 日 ~ 10 月 20 日，由于太阳辐射强烈而室外环境温度过高，加大自然通风次数以降低温度（表 4-5）。实践中，日光温室在这一时段中采取风机 - 湿帘等农业设施，较自然通风更为有效地提高温室内空气相对湿度、降温温度。

种植空间通风 表 4–5

<table>
<tr><th>日期</th><th>12 月 1 日~次年 2 月 28 日</th><th>3 月 1 日 ~ 3 月 31 日</th><th>4 月 1 日 ~ 10 月 20 日</th><th>10 月 21 日 ~ 11 月 30 日</th></tr>
<tr><td rowspan="4">自然通风次数</td><td>00：00 ~ 08：00
1 次 /h</td><td>00：00 ~ 12：00
6 次 /h</td><td rowspan="4">全天
9 次 /h</td><td>00：00 ~ 12：00
6 次 /h</td></tr>
<tr><td>08：00 ~ 12：00
3 次 /h</td><td>12：00 ~ 17：00
9 次 /h</td><td>12：00 ~ 17：00
9 次 /h</td></tr>
<tr><td>12：00 ~ 17：00
6 次 /h</td><td rowspan="2">17：00 ~ 24：00
6 次 /h</td><td rowspan="2">17：00 ~ 24：00
6 次 /h</td></tr>
<tr><td>17：00 ~ 24：00
3 次 /h</td></tr>
</table>

3）计算结果

模拟中，除了极端天气条件外，建筑农业运行时段中，温室空间在不采取主动供暖的前提下可以满足农作物需求（图 4-12）。由于 Design Builder 软件不能模拟农业温室夜间增加保温层的做法，也不能在模型中增加种植空间利用居住空间空气热量的计算，所以模拟结果与实际运行存在差异，实际温室温度环境优于模拟温度环境。

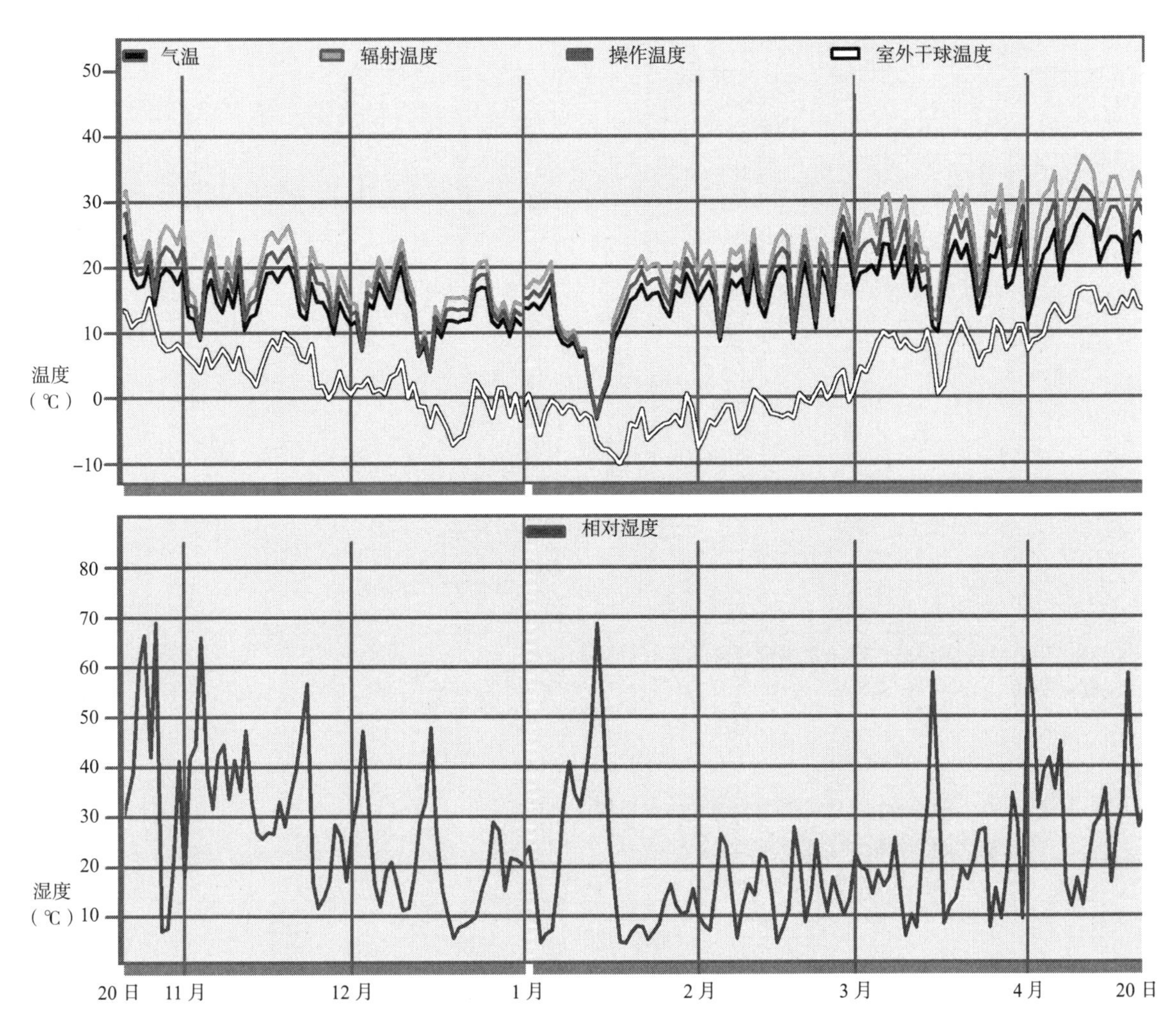

图 4–12　北京地区建筑农业主要运行时段温室空间逐日温度变化

来源：作者自绘

数据来源：同一标准年的1月~4月和11月~12月。为认知方便，作者将其合成为一个连续时间段。

模拟结果表明，供暖时段内，农业种植一体化集合住宅的供暖能耗始终低于普通集合住宅供暖能耗（图4-13）。一年中，有种植空间的集合住宅居住空间照明能耗略高于普通集合住宅，但用于供暖的能耗明显低于普通集合住宅（表4-6）。

考虑到这是一时段中，实践的种植空间温度高于模拟结果，这意味着种植空间能进一步减少建筑农业运行时段内的居住空间室内外热差，降低居住空间供暖能耗。

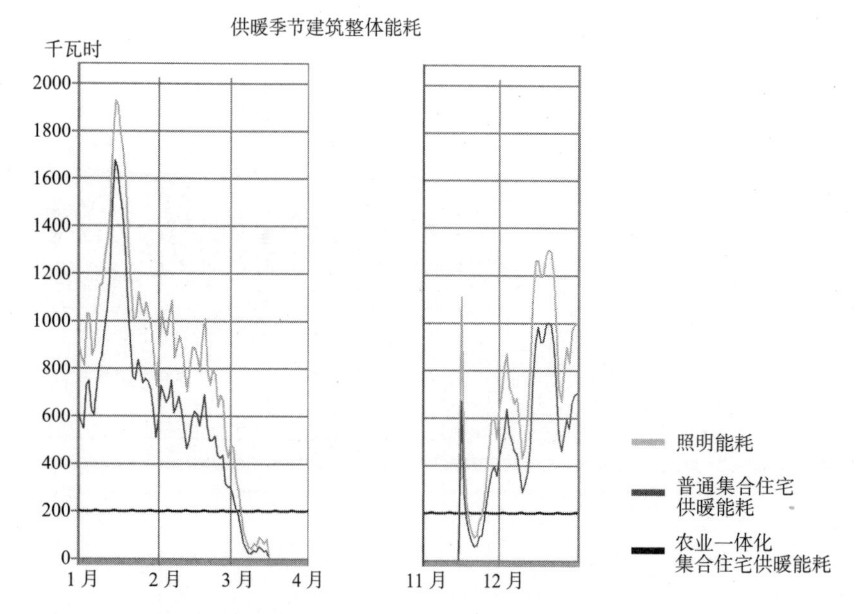

图 4–13　供暖时段满足居住建筑室内温度环境要求能耗对比

来源：作者自绘

农业一体化集合住宅与普通集合住宅全年供暖及照明运行能耗比较（单位：kWh）　表 4–6

对象	农业一体化集合住宅		普通集合住宅	
类型	全年照明	供暖	全年照明	供暖
能耗	74358.7	68758.24	73503.88	95760.86

4.3.2　农业生产——立体种植

种植空间分为屋顶温室和竖向温室两类。屋顶温室采取土壤栽培的方式，其年产量参考北京地区日光温室的年产量，计为 $11250kg/667m^2$。[①]

建筑与农业种植一体化中的屋顶温室为充分利用空间，设置了双层种植平台。而随着一年中太阳高度角的变化，温室中能够获得充分自然光照的、适宜种植的面积产生变化。全年里，10

① 陈殿奎 . 北京设施农业发展现状调查 [EB/OL].2011.http：//www.docin.com/p-337209200.html

北京地区日光温室年产量（2011 年）为 10000 ~ 12500 $kg/667m^2$，涉及的蔬菜种类包括番茄、黄瓜、马铃薯和菠菜等。

月 20 日~次年 2 月 20 日期间的种植面积基本不变，计为 737m^2，是屋顶温室适宜种植面积最大时段，而 6 月 20 日的种植面积全年最小，仅为 537m^2。计算中，温室的适宜种植面积取平均值，为 640.17m^2。① 屋顶温室全年产量预计为 10797kg。此外，为充分利用空间，温室中光照条件较差区域可以栽培菌类。菌类可以为喜光蔬菜提供充足的二氧化碳，达到增产目的。

竖向温室中采取循环营养液种植技术，利用立体栽培架种植叶菜类作物。基于低能耗运行的原则，温室生产主要依靠自然光和被动式温度环境调控技术，主要运行时段为每年 9 月 1 日 ~ 次年 6 月 10 日。其间，靠近南侧采光面一侧的栽培架始终可以获得充足自然光照，正常生产。栽培架单架 30 株，每户 90 株，每层 720 株，每栋楼 4320 株。如果种植花叶生菜，生菜单株重量可达 0.5kg，定植后至成熟时间为 30 ~ 40 天。② 运行时段内可以收获 7 次，竖向温室可以收获蔬菜总重量 15120kg。此外，南侧温室内侧的栽培架采光条件较差，按运行时段内可收获 5 次计算，全年可收获 1200kg。③

综合上述数据，整栋住宅的种植空间完全暴露在自然光中时，该栋建筑中全年可至少收获蔬菜 27117kg。根据《中国居民膳食指南（2011）》中对一般人群的饮食倡导，成年人每人每天适宜进食蔬菜 0.3 ~ 0.5kg（以每人每天需 0.5kg 计），这些蔬菜可供 149 人全年的蔬菜需求。而以每户 4 人计算，全楼共有居民 192 人。所以，建筑农业生产的蔬菜可满足全楼 77.6% 居民的需求。

4.3.3　能源生产——光伏发电

北京市发展和改革委员会调查结果表明，80% 的北京地区城市居民每户每年用电不超过 230kWh，④ 以全楼共 48 户计，全年用电量为 11040kWh。

① 3 月 20 日温室内适宜种植面积约为 700m^2，4 月 20 日（8 月 20 日）温室内适宜种植面积约为 593m^2，以此类推。以月为单位，以每月 20 日为节点，取太阳高度角最高、种植面积最小的数值为当月适宜种植面积，求全年平均适宜种植面积为 640.17m^2。实际生产中，适宜种植面积大于等于此数值。

② 幼苗期至定植前，集中培育，不计在 40 天内。

③ 单个栽培架可种植 10 株，全楼可种植 480 株。

④ 蒋彦鑫 . 北京市发改委：居民用电量以年为周期计算 [N/OL]. 新京报 .2012-04-27.http://finance.ifeng.com/news/region/20120427/6386814.shtml.

屋顶温室透光面面积约为 858.75m²，粗略估算，其发电功率为 42.94kW。北京地区全年日照时数 2600 ~ 2800h，光伏发电不仅可以满足建筑需求，还能提供给城市电网使用。

4.4 基于现有集合住宅的种植空间改良

种植空间改良指基于该地区现有集合住宅建筑空间和资源，通过局部改造，使潜在的农业种植空间满足生产环境需求。近年来，北京地区的住宅室内和封闭阳台空间常用于农业种植，正是改良的目标。

4.4.1 现阶段的农业种植空间

室内农园位于建筑室内，靠近门窗洞口等采光面，它位于住宅建筑的南向、东向或西向房间。封闭阳台是中国北方集合住宅中常见的形式，用于农业种植的阳台最佳采光朝向为南向。建筑室内和封闭阳台农园中都可以采用土壤栽培和营养液栽培技术种植农作物。盆栽农作物和立体营养液栽培架是常见的栽培设施。

北京地区建筑农业适宜运行时间为每年 10 月中下旬 ~ 次年 4 月中下旬，工作原理类似于节能型日光温室，基于温室效益积聚，仅在冬季最冷时段须居室通过通风换气传输热量。实际运转时，建筑室内供暖热量通过空气热交换的方式供给农园，提高其温度，以满足农作物需求。

4.4.2 调查研究

目前，室内农园和封闭阳台农园的实践活动多样。然而，在开展过程中，绝大多数情况下，参与者不对建筑空间或结构进行改造。由于生产规模小、产量低，种植活动更多地被视作一种休憩行为。笔者通过实地调研和访谈，基于对种植活动的组织者、参与者的访谈，对种植活动在建筑中的位置、持续时间、光照温度环境、种植规模和采用的种植技术进行总结。

种植活动在建筑中所处的空间位置：绝大部分农业种植活动位于建筑室内或封闭阳台，也有极少部分参与者在日光房中种植

图 4–14 城市集合住宅建筑室内窗台上的农作物种植
来源：作者拍摄

农作物[①]。

种植活动时间及光照温度环境条件：首先，室内农园和封闭阳台农园的主要种植时段都为深秋和早春（图 4-14）。无论是建筑室内或是封闭阳台空间，夏季时都因为室内温度过高而不适宜种植。4 月份左右，随着太阳辐射强度增加，室内温度升高，建筑室内空间逐渐不适宜种植农作物。到了春夏之交，建筑室内采取通风措施，但种植空间降温效果有限，温度仍不能满足农作物生长需求。这一问题在封闭阳台中体现的更为明显。6 月 ~ 8 月期间，除非持续采用空调或风扇降温，建筑室内和封闭阳台的温度环境都不能满足农作物的需求。冬季最冷时段中，部分阳台因温度过低而不适宜农业种植。实际使用中，这些阳台与室内环境隔绝时，其环境温度最低可达 0℃，不能满足农作物生长的温度需求。

农业种植规模及类型：种植以叶菜类蔬菜为主，包括韭菜、紫背天葵、穿心莲、空心菜和香椿等。由于果菜类对光照、温度和空气相对湿度环境要求较高，室内和阳台的种植条件较差，不

① 该小区的住宅建筑为联排别墅，业主在建筑露台上自行修建了日光房。这个房间也可用于农作物种植。

作为种植的主体。两种建筑农业的种植规模都不大，远不能满足参与者的食物需求。实践参与者在访谈中提出，叶菜类整个冬季仅可收获 4 ~ 5 次（香椿苗）。生产中，所有参与者没有采用人工照明等农业设施来提升种植空间的光照环境条件。

4.4.3 存在问题及实验设计

实践活动中，室内农园和封闭阳台农园的光照环境依赖单侧采光，受限于建筑门窗的高度和宽度，其温度环境除基于温室效应积聚热量外，很大程度上受建筑室内供暖影响。总体来说，种植空间与居住建筑关系紧密，其空间形态、采光面材质和构造方式都以人而非农作物的需求为出发点，在农业种植适宜性方面存在着各种问题。

研究将通过针对北京地区集合住宅的冬季、春季和夏季的室内和封闭阳台的自然采光及温度环境测量实验，判断上述空间是否满足农作物需求。如这些空间不能满足农作物需求，则通过明确具体的因素，判断影响途径。在此基础上，通过比较表现各异的农业种植空间，提出针对性的改良措施，并说明改良后的农业种植空间形态、表皮材质和构造以及运行模式。

4.5 本章小结

本章以北京地区集合住宅为研究对象，研究在限定地区及农业因素和建筑类型条件下的建筑与农业种植一体化的理想空间形式，并指出现有建筑种植空间中存在的问题。

根据北京地区露天农业种植、设施农业的作用方式和本地蔬菜供应的特点，提出建筑农业生产时段为每年 10 月中下旬 ~ 次年 4 月中下旬。种植空间借鉴日光温室的作用原理，在运行时段内，它类似于日光房，通过积聚热量提高温室内温度，降低居住空间室内外热差，减少热交换，降低建筑冬季采暖能耗。同时，种植空间利用建筑表面散热和室内空气交换带出的热量，减少生产能耗。

根据空间构成和作用原理，基于北京地区集合住宅的建筑与农业种植一体化空间形式位于建筑屋顶和南侧。本章提出屋顶温室和南侧竖向温室空间形态，采取的种植技术和主被动式太阳能技术，说明了建筑与农业种植一体化中农业种植空间形式、与建筑空间整合的途径。通过对温室空间在建筑农业主要运行时段外的运转方式进行解析，说明农业一体化建筑的全年运转情况。最后，通过提出建筑与农业种植一体化在不同类型集合住宅上的应用方式和总体高度控制途径，说明它在城市环境中潜在的生存空间及适应性。在此基础上，通过相关计算，说明建筑与农业种植一体化在降低建筑能耗、进行农业和能源生产方面的可持续属性。

本章还基于对现阶段北京地区集合住宅种植活动的调查研究，提出现有种植空间存在的光照和温度环境问题，作为第五章和第六章实验测量研究中的主要问题，并提出实验设计目的、方法及途径。

第五章

北京地区城市住宅光照环境的农业种植适宜性研究

封闭阳台是中国北方寒冷和严寒地区的气候性产物，寒冷气候和天气时，它作为居室和自然环境之间的缓冲，减少二者间的热量交换。对建筑农业来说，封闭阳台采光面积大，光照条件优，满足种植空间的光照要求，建筑室内、紧靠采光面的区域也具有类似特征。由此，这两类空间成为北京地区城市集合住宅农业生产实践的主要空间类型。研究中，对建筑农业实践的生产效果，封闭阳台和室内空间能够多大程度上满足农业种植需求存在争议。本章以建筑室内和阳台空间为对象，对它们进行光照环境测量实验，判断它们满足农作物光照需求的季节和时段，了解光照环境特性，提出改进途径和理想光照环境空间形式。

5.1 测量实验基本情况

光照环境测量实验包括冬季和夏季两部分。[①] 其中，冬季实验选取日照时间最短的冬至日和气温最低的大寒日前后，包括 2012 年 12 月 23 日 ~ 12 月 25 日，2013 年 1 月 9 日 ~ 11 日、1 月 15 日 ~ 1 月 17 日。夏季测量选择日照时间最长的夏至日前后，2013 年 6 月 19 日。测量包括晴天、多云间晴和阴霾天气条件。

测量实验目的：

（1）通过室内和阳台的光环境测量，确定在不同季节和天气条件下，这些区域的光照强度和日照时间能否满足农作物需求。

（2）了解建筑室内和阳台空间光环境特性。

（3）通过对不同季节测量结果的分析，确定影响室内和阳台农业种植适宜性的光照条件因素，并提出改良途径。

5.1.1 测点选择

测点选取北京地区的集合住宅的室内和封闭阳台空间。测点位于居室南向靠窗位置或阳台内。其中，测点①和②处于同一居住单元，位于 10 层建筑的 8 层，是住宅的最西端。测量过程中，光照不受其他建筑遮挡。测点①位于南向客厅正中、靠近朝南的

① 选择冬季进行实验的原因：首先，冬季是北京地区建筑农业生产的主要季节。其次，冬季太阳高度角较低，室内太阳直射光覆盖面积大，测量能获得丰富的数据。

落地飘窗；测点②位于南向阳台中，阳台东、南和西三面采光。测点③位于16层建筑的8层，是住宅建筑的中间部分。测量过程中，测点全天不受其他建筑遮挡。测点③位于客厅朝南延伸的开敞阳台中，阳台有西、南两面采光。测点④位于6层建筑的2层，是建筑的东端。测点位于客厅朝南阳台中，阳台有东、南两侧采光。冬季测量中，测点采光受到前方建筑和树木一定程度的遮挡（表5-1、图5-1）。冬季测量实验一选取全部测点①~④，测量实验二选取测点①和③，夏季测量选取测点①。

测点基本情况　　表5-1

编号	测量位置	所在层数/建筑层数	采光面数	采光朝向	测点横纵剖面图
①	室内	8/10	单面	南	2.680 2.390 0.500 ±0.000
②	阳台	8/10	三面	东、南、西	2.790 2.390 0.140 ±0.000
③	室内	8/16	两面	西、南	2.550 2.250 0.700 ±0.000
④	阳台	2/6	两面	东、南	2.500 1.000 ±0.000

来源：作者自绘

5.1.2　测量仪器与方法

光照测量实验选用XTI-III型全数字照度计（表5-2）。测量日中，每小时测量一次。测量时保持人工照明设施处于关闭状态，去除人工光照的影响。

建筑室内和阳台采用同样的光照网格划分方式。以室内空间为例，说明光照测点设置方式。首先，沿采光面宽度方向将测量区域分为四等分，选取5条边线作为网格的纵线。然后，沿进深

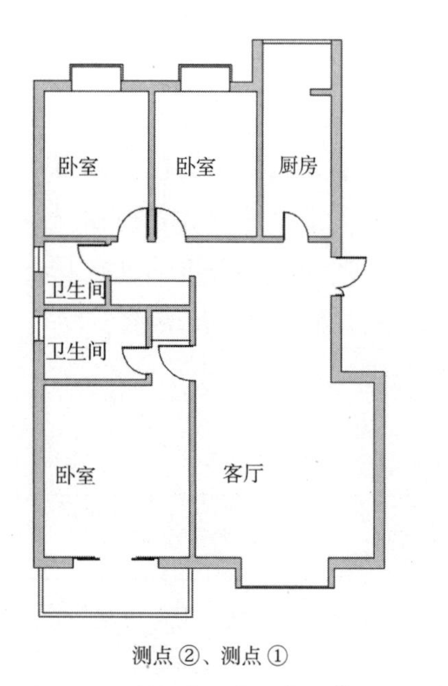

测点②、测点①

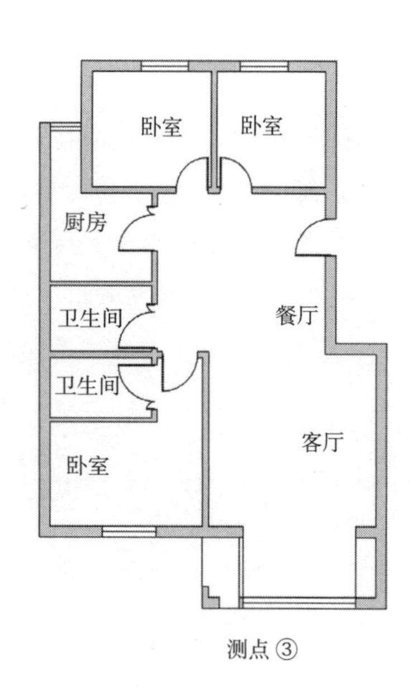

测点③

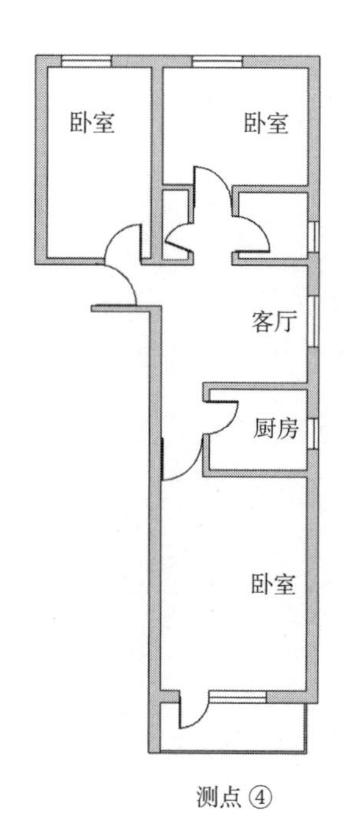

测点④

图 5-1　测点①、②、③和④的平面图
来源：作者自绘

方向，在距采光面分别 25cm、50cm、100cm 和 150cm 处设置网格横线，形成平面上的网格。[①] 在平面网格的基础上，以每个网格中心为准，距地面分别 50cm、100cm 和 150cm 高处设置测点（图 5-2），并进行编号。编号由四部分组成，第一部分代表测点所处位置，由数字①~④表示；第二部分代表网格在采光面平行方向的相对位置，M 代表正中（middle），EE（east）代表最东端，E 代表中间靠东侧，WW（west）代表最西端，W 代表中间靠西的位置；第三部分代表距采光面的距离，由 D（depth）和数值（单位为 cm）表达；最后一部分代表测点高度，由 H（height）和数值（单位为 cm）表达。例如，测量点①-M-D50-H100，①即为测量点位置编号，M 代表正中（middle），即测点在采光面平行方向的相对位置，D50 表示距采光面 50cm，H100 则表示高 100cm。数据分析中，如不特别说明测点位置，以测点①或②提及，一般指代 M-D50-H100 的测点。测点的基本测点指距离采光面 50cm 和 100cm，相对位置为 E、M 和 W 的各个高度上的测

① 当测点采光面多于一面时，以南侧采光面为准，进行网格划分。

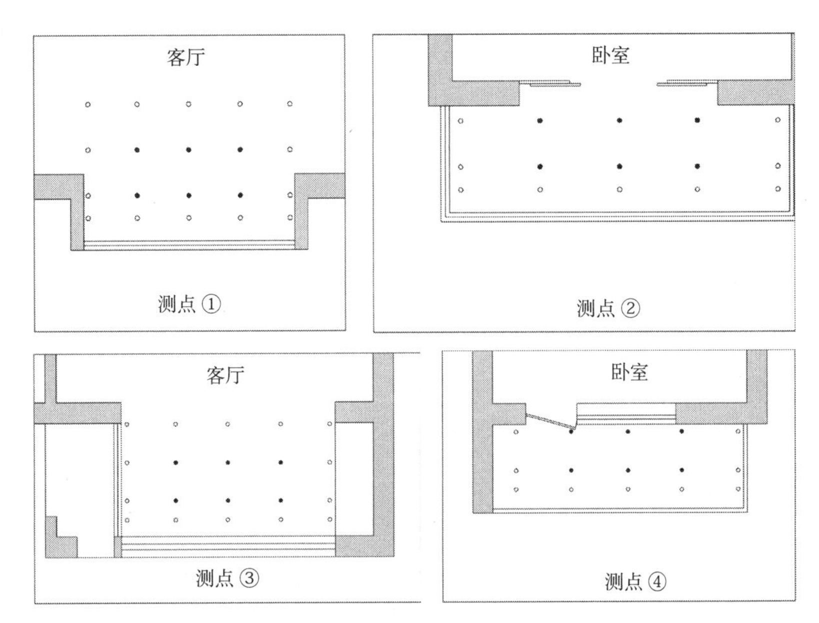

图 5-2　测点①、②、③和④测点布置

（基本测点：黑色实心圆点）

（全部测点：黑色空心圆点，包括两端和距采光面 25cm 和 150cm 的各个高度测点）

来源：作者自绘

点。这一区域也是进行光照环境分析中最常用到的范围。它涵盖了距采光面 25 ~ 125cm 进深的、占采光面 3/4 开间宽度的、距离地面 50 ~ 150cm 的立体空间。测点的全部测点是指距采光面 25 ~ 150cm，[①] 相对位置包括 EE、E、M、W 和 WW 的各个高度上的测点。这一范围主要用于光照特性分析。

测量仪器情况　　表 5-2

仪器名称	分辨率	测量精度	测量范围	测量时间
XTI-III 型全数字照度计	0.001lx	± 4%	0.1 ~ 100，klx	3 次 /s（≥ 1lx），1 次 /2s（<1lx）

5.1.3　建筑农业农作物类型及光照强度范围设定

光照环境分析中，选择具有共性的一类蔬菜的光照强度范围和达到特定光照强度的时长作为衡量室内光照环境的指标。考虑到建筑室内和阳台空间依赖侧向采光，不同季节的光环境条件都

① 阳台区域不包括距离采光面 150cm 的测点。

不及露天环境，因此，选择对光照要求较低的绿叶菜类和白菜类等作为对象。这两类蔬菜的被食用部分均为植物茎叶。即使所处生长环境较差，蔬菜的生长发育不完全，它们仍然可以作为食物出现在餐桌。[①] 这类农作物包括结球甘蓝、西兰花、芥菜、韭菜、芹菜、莴苣、不结球白菜、叶用芥菜、芫荽、蕹菜和茼蒿等。

各类蔬菜的光补偿点、适宜光照强度范围和光饱和点具有差异。光补偿点为农作物呼吸作用与光合作用相抵时的光照强度，是农作物生存的基本光照条件。绝大多数蔬菜光补偿点在 2klx 及以下。适宜光照强度范围是农作物进行正常的生长发育所需的光照强度。每种蔬菜的适宜光照强度范围不同。温室种植的多数农作物正常生长发育的适宜光照强度为 8 ~ 12klx。[②] 露天种植时，大部分绿叶菜适宜光照度强度为 20 ~ 30klx。[③] 实验分析中，以 2klx 作为蔬菜类农作物光照强度补偿点，将适宜光照强度指标设为 10klx 和 20klx 两个等级，以 10klx 作为农作物正常生长发育的下限，20klx 用于光照条件的进一步比较。

5.2　冬季测量实验

冬季光照测量实验开展于 12 月 23 ~ 25 日，测量时段接近冬至日，是一年中太阳高度角最低的时段，此时，进入室内的太阳直射光最多，实验得以对室内自然光照环境进行分析。12 月 23 日，同时测量①和②，比较建筑室内和阳台空间光照环境。

5.2.1　测量实验设置

冬季测量实验目的：

（1）判断测点①~④在测量时段内能否满足农作物的光照强度和日照时间需求。

（2）测量①和②，通过比较二者的光照环境，说明建筑室内和阳台空间光环境的不同特点，明确采光面数和方向对光照

---

① 果菜类蔬菜包括西红柿、黄瓜、青椒等，被食用的部分是果实，果实需要经历开花、结果（结荚）过程才能收获，对光照、温度环境要求较高。

② 张天柱 . 温室工程规划、设计与建设 [M]. 北京：中国轻工业出版社，2010：148.

③ 陆志元，苏生平 . 遮阳网温室技术 [J]. 农业工程技术 • 温室园艺，2007（7）：18.

的影响。

（3）通过对测点光照数据的分析，判断满足农作物需求、适宜农业种植区域的光照特征。

测量时段中，每日测量始于 8：00，结束于 16：00。其中，每日 8：00 和 16：00 时，室内外无直射光；9：00 ~ 15：00 时，室内为直射光；正午 12：00，室内外光照强度最大。测量三日均为晴天或少云天气（表 5-3）。

冬季测量实验基本情况 表 5-3

测量日期（2012 年）	天气情况	日出至日落时间	测点			
12 月 23 日	晴	07：33 ~ 16：54	●	●		
12 月 24 日	晴	07：33 ~ 16：55			●	
12 月 25 日	晴（见云）	07：33 ~ 16：55				●

注：●为测量日。

5.2.2 测量结果分析

测量时段中，室内各测点的光照强度始终低于室外光照强度。正午 12：00 时室内外光照强度最大，选取室内（或阳台）正中、距采光面 50cm、高 100cm 的测点作为室内测点，与室外光照强度进行比较（表 5-4）。正午时分，室内 4 个测点均暴露在直射光下，它们与室外光照强度比值依次为 0.673、0.673、0.572 和 0.898，主要体现了南侧采光面的透光效果，也受到其他采光面散热光照的影响。其中，25 日测点④与室外光照强度的比值明显高于其他测点，考虑到当日的少云天气，且室内外光照强度测量存在的时间差，这一数值可能存在误差。

12 月 23 日 ~ 25 日，正午室外与测点①、②、③和④的光照强度（单位：klx） 表 5-4

测量日期	室外光照强度	测量点			
		①-M-D50-H100	②-M-D50-H100	③-M-D50-H100	④-M-D50-H100
12 月 23 日	57.10	38.4	38.4	—	—

续表

测量日期	室外光照强度	测量点			
		①-M-D50-H100	②-M-D50-H100	③-M-D50-H100	④-M-D50-H100
12 月 24 日	21.20	—	—	12.13	—
12 月 25 日	27.05	—	—	—	24.3

（1）建筑室内与阳台空间光环境基本分析

建筑室内和阳台空间的光照强度很大程度上依赖室外自然光照，测量 3 日的室外光照强度有明显差异，23 日最强，24 日和 25 日较弱。所以，在室内各测点的光照数据分析中，除了比较该测点满足特定光照强度时长的绝对值，还比较当日室内外测点满足特定时长的差值，说明该区域获取自然光的能力。

12 月 23 日，室外光照条件优良，8：00 ~ 16：00 间，室外光照强度高于 2klx，共计 9h，9：00 ~ 15：00 间高于 20klx，[①] 共 7h。室内测点①-M-D50-H100 和②-M-D50-H100 达到 2klx、10klx 和 20klx 的时间相同，分别为 7h、7h 和 5h（表 5-5）。由于室内测量区域光照强度达到 2klx 的时间较长，且该区域测点在一定时长内达到 10klx 和 2klx，满足农作物种植的基本光照要求，测点达到 2klx 和 20klx 的时长与室外相比仅相差 2h，达到 10klx 的时长与室外相同，说明测点①和②获得室外光照条件优越。

另外，由于①的基本测点达到 10klx 和 20klx 的时长均值低于测点①-M-D50-H100 达到上述光照强度的时长，②的基本测点达到 10klx、10klx 的时长均值与测点②-M-D50-H100 达到上述光照强度的时长差异不明显，达到 20klx 的时长上，测量区域基本测点时长均值表现得更为优越，说明该测量区域的整体光照环境较测点②更好，同时也优于测量区域①。

① 光照强度同时也达到了 10klx。

12 月 23 日，室外和测点①、②达到特定光照强度范围的时长（单位：h）　表 5-5

测点 / 范围	室外测点	测点①		测点②	
		-M-D50-H100	基本测点均值	-M-D50-H100	基本测点均值
达到 2klx 时长	9	7	6.72	7	6.67
达到 10klx 时长	7	7	5.39	7	6.56
达到 20klx 时长	7	5	4.06	5	5.17

24 日的室外光照条件为冬季测量实验一中最差的一天，室外 8：00 ~ 16：00 间高于 2klx，共 9h，10：00 ~ 15：00 间高于 10klx，共 6h，仅在 11：00 ~ 14：00 间高于 20klx，共 4h。测点③达到 2klx 和 10klx 时长分别为 7h 和 4h，全天没有达到 20klx（表 5-6）。测点③的光照强度在当日较长时间达到 2klx，且有一定时间达到 10klx，基本满足农作物的光照需求。通过室内外达到特定光照强度时长的比较，测点③具有良好的获取太阳光的能力。另外，测点③-M-D50-H100 满足 2klx 和 10klx 的时长高于该测量区域的基本测点达到特定光照强度时长均值，特别体现达到 10klx 的时长上。这一测量区域的整体光照环境条件不如测点③。

12 月 24 日，室外和测点③达到特定光照强度范围的时长（单位：h）　表 5-6

测点 / 范围	室外测点	测点③	
		-M-D50-H100	基本测点均值
达到 2klx 时长	9	7	6.44
达到 10klx 时长	6	4	2
达到 20klx 时长	4	0	0

25 日的室外光照环境略优于 24 日，室外 8：00 ~ 15：00 间高于 2klx，共 8h，9：00 ~ 14：00 间高于 10klx，共 6h，9：00 ~ 14：00 间高于 20klx，共 6h。测点④的光照强度达到 2klx 的时长仅为 4h，与室外相差 4h，达到 10klx 的时长仅为 3h，与室外相差 3h（表 5-7）。由于测点④达到 2klx 的时长较短，不适宜进行农业种植。此外，室内测点满足特定光照强度的时长明显低于室外，该区域获得自然光能力一般。测点④-M-D50-H100 的光照强度长

时间低于 2klx。考虑到测点位于 6 层建筑的 2 层的南向阳台，推断测量区域的光照条件受到前方建筑和树木和阳台外侧的护栏遮挡。另外，测点④-M-D50-H100 达到 2klx 的时间长度低于④基本测点达到 2klx 的时长均值，但测点④达到 10klx 的时长则略有优势，测点④-M-D50-H100 与该区域光照整体环境差异不大。

12 月 25 日，室外和测点④达到特定光照强度范围的时长（单位：h） 表 5-7

测点范围 光照时长	室外测点	测点④	
		-M-D50-H100	基本测点均值
达到 2klx 时长	8	4	4.71
达到 10klx 时长	6	3	2.61
达到 20klx 时长	6	1	0.67

测点①、②和③的光照环境基本满足农作物的需求，适宜进行农业种植。此外，测点①、③达到 2klx、10klx 和 20klx 的时长低于相应测点基本测点达到上述光照强度的时长均值，测点 M-D50-H100 的光照条件不及测量区域整体光照环境，测点②与相应测量区域光照环境相当。

（2）建筑室内与阳台空间的光环境比较

室内与阳台光环境比较中，主要以测点①和②为研究对象，测点①位于客厅内部，靠近南侧窗户，测点②位于同一居室的南向阳台内部。分析过程中，除比较测点①-M-D50-H100 和②-M-D50-H100 达到 2klx-klx 和 20klx 的时间长度外，还考量全部测点达到特定光照强度的时长。

测点①-M-D50-H100 和②-M-D50-H100 达到 2klx 的时长接近，但是②的基本测点达到 10klx 或 20klx 的时长均值大于①。[①] 进一步比较中，不同测量区域中，距南侧采光面 25cm 和 50cm 的各测点达到 2klx 的时长也相同，距南侧采光面 100cm 的不同高度测点上，②不同测点达到 2klx 的时长均大于①。产生差异的测点中，位于①的测点较位于②的测点达到 10klx 或 20klx 的

① 在比较中排除了采光面横向或纵向构件对直射光的遮挡，包括 10：00 时测点①的光照强度的骤降和 12：00 时测点②光照强度的骤降。

时间更晚，或低于这两个数值的时间更早，这一现象在距采光面 100cm 的测点上表现最为明显，这一结果与测量区域采光面朝向和面数相关。①依靠单侧采光，而②处于阳台中，有东、南和西侧三面采光。冬季只有直射光覆盖下的室内测点光照强度能达到 10klx。直射光覆盖是决定测量区域光环境条件的重要因素。清晨和傍晚，太阳的东升西落使通过南侧采光面的室内直射光具有一定角度，所以，①距采光面 100cm 的各个测点中仅有小部分被直射光覆盖。而②在清晨和傍晚时，除南侧直射光外，还可获得东、西两侧直射光，其测量区域被直射光覆盖的面积相应更大,达到 10klx 的测点更多（图 5-5）。例如,测点②-W-D100-H150 达到 10klx 的初始时间为 9：00，持续至 14：00，测点①-W-D100-H150 达到 10klx 的初始时间为 10：00，持续至 13：00。

综上所述，具有多个采光面的测量区域②较南侧单一采光面的测量区域①能在更长时间内获得达到 10klx 及以上的光照强度，所以光环境更为优越，更适宜农作物生长。

（3）晴天条件下的室内光照特性

晴天天气条件下的室内（包括阳台）光照特性指室内直射光的空间分布规律。由于建筑农业农作物的适宜光照范围下限为 10klx，冬季中，光照强度达到这一数值的前提条件是室内直射光覆盖。

室内直射光在水平方向的分布规律主要由采光朝向和面数决定。南侧采光的测点①中，直射光落在地面的光影交界线随着太阳东升西落发生转动。正午前，东侧（EE\E）测点更多地处于墙体阴影中，正午后日落前，西侧（WW\W）测点更多地处于墙体阴影中，以正午为基点的对称的上下午时间点上，处于阴影区域镜像对称。[①] 一日中，光影交界线顺时针转动（表 5-8、图 5-3、图 5-4）。基于这一原理，与采光面距离（D）相同、高度相同的测点，越接近正中（M）的，处于直射光范围内的时间越长。

---

①　光照测量实验在整点测量，早晚的测量时间距离日出、日落的时间长度不等。由于清晨和傍晚测量时太阳光与测点水平夹角不对称，所以东西两侧位置对称的测点处于阴影的时间并不能完全相同。

测点①各测点光照强度（单位：lx） 表 5–8

时间 \ 位置	EE-D50-H100	E-D50-H100	M-D50-H100	W-D50-H100	WW-D50-H100
8：00	346	628	768	720	548
9：00	1704	13020	13520	14330	11680
10：00	2440	2680	25100	24400	23700
11：00	2720	35700	33900	32400	26700
12：00	31500	38100	37900	34700	32600
13：00	32400	29800	30700	33000	3130
14：00	25800	25100	26700	22300	2360
15：00	12490	10590	10270	12200	1513
16：00	731	1073	1032	935	434
时间 \ 位置	EE-D100-H100	E-D100-H100	M-D100-H100	W-D100-H100	WW-D100-H100
8：00	214	313	394	396	330
9：00	1075	1320	2010	15350	11060
10：00	1550	2250	23700	21700	20400
11：00	2350	28400	25200	28600	29500
12：00	28100	8510	33300	29400	28800
13：00	25500	25700	23100	23700	2180
14：00	18150	20800	20200	2400	1510
15：00	8140	9020	1533	1189	838
16：00	31	442	411	356	204

注：8：00 和 16：00 时室内无直射光，单元格为灰色的测量点处于阴影中。

有东、南、西三个采光面的②体现出与①不同的光影分布特点。日出后、正午前，测量区域内的直射光来自东、南两侧采光面，正午后、日落前，直射光来自西、南两侧采光面。由于东、西两个采光面的光照补充，测点地面不显示光影分界线。① 太阳高度角在测量时段中正处于全年最低水平，理想情况下，晴天时整个测量区域全部暴露于直射光下。

室内直射光在垂直方向的分布规律主要由采光面上沿和下沿高度决定。采光面上沿越高，直射光投射在地面上的光影交界

① 实际测量中距采光面 25cm 和 50cm 的测点中，由于阳台南侧和东、西两侧相交处柱子的遮挡（截面 50cm × 25cm），东端（EE）测点在 9：00 ~ 10：00 时，西端（WW）测点在 15：00 处于阴影中。

图 5-3　测点① 9∶30 和 14∶25 室内直射光

来源：作者拍摄

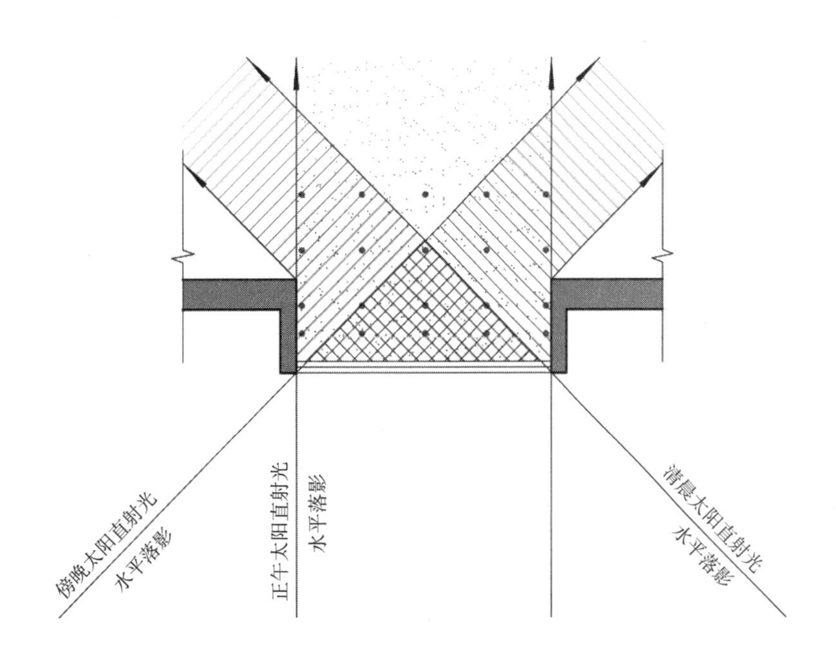

图 5-4　测点①清晨、正午和傍晚直射光覆盖区域示意

来源：作者自绘

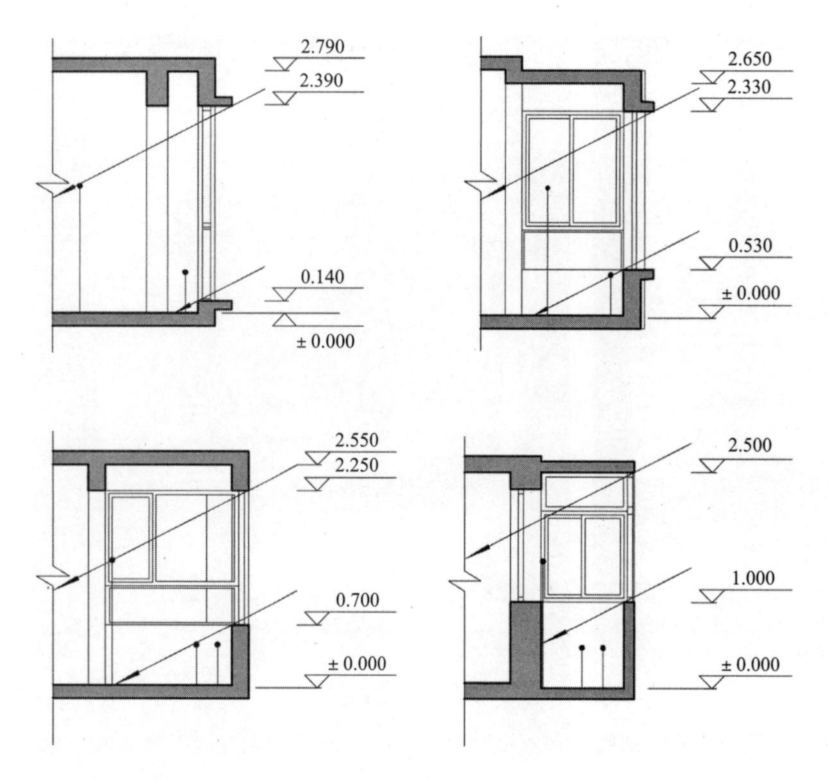

注：图中为高度 150cm 和高度 50cm 测点

图 5-5　测点①、②、③和④正午时通过南侧采光面的直射光范围
来源：作者自绘

线距采光面越远，光线在室内通过的空间越大。测量期间，由于太阳高度角较低，晴天时只有①和③的距采光面 150cm 且高 150cm 的测点在接近正午时处于阴影中。采光面下沿越高，直射光在地面上的光影交界线距采光面越远，意味着靠近采光面的地面阴影面积越大。测量期间，由于③和④的采光面下沿高分别为 70cm 和 100cm，所以③距采光面 25cm、高度 50cm 的测点在 9：00 ~ 15：00 期间始终处于阴影中，④距采光面 25cm 和 50cm、高度 50cm 的测点在 9：00 ~ 15：00 期间处于阴影中（图 5-5）当采光面高度和宽度一定时，采光面整体离地面越近，投射到地面的直射光区域离采光面越近。

直射光在室内通过的空间日间不断变化。水平方向，直射光区域可以视为以采光面中心为原点转动的宽大指针。当采光面下沿与地面重合时，光线通过的室内空间长时间重合。当采光面下沿远离地面时，光线通过的区域与采光面有一定距离，这一区域日间重合变少，意味着室内种植区域缺乏连续的直射光，不能满足农作物光照需求。因此，在南侧单面采光、采光面宽度和高度一定的前提下，采光面应靠近地面，使得直射光投射区域有重合部分，室内获得连续的直射光照射。当采光面下沿有一定高度且不能改变时，为获得连续的光照，应抬高种植区域地面。此外，增加东、西两侧的采光面，不仅能增加测量区域中直射光通过的体积，还能提升光环境条件。

连续直射光是农作物正常生长发育的基本需求，所以，直射光照区域是室内和阳台种植范围确定的基础。正午是太阳高度角最高的时刻，以这一时刻的太阳高度角计算室内直射光通过区域，作为种植范围。一段时间的建筑农业种植中，应以其中太阳高度角最高的测量日的正午太阳高度角为准，计算适宜种植区域。

探索室内直射光分布规律时，通过对直射光范围断开、直射光范围缺角、图形不完整等反常现象的观察和分析，判断影响室内光环境的不利因素。首先，建筑周边环境影响室内光照。24日和25日测量中，在室外光环境接近的前提下，测点④的室内光照条件不及③。通过对两个测点周边环境的比较，测点④所处居住单元位于建筑中较低的楼层，东南方的建筑、树木遮挡了测点采光。其次，采光面上截面尺寸较大的横、纵构件遮挡阳光，影响室内光照。23日的测量中，测点②距采光面25cm和50cm的东端（EE）测点9：00～10：00间，距采光面25cm和50cm的西端（WW）测点15：00，处于阴影中，而以上测点其余时间均暴露于直射光下。该处阴影由阳台南侧和东、西两侧处构造柱（截面50cm×25cm）造成。最后，建筑室外、采光面上方的雨篷、遮阳板等遮挡光照，影响光照环境。

5.3　夏季测量实验

夏季测量实验开展于2013年6月，测量时间接近夏至日，太阳高度角接近全年最高。6月19日，测量当日日出日落时间为04：45～19：45。

5.3.1 测量实验设置

测量实验目的：

（1）判断夏季封闭阳台和建筑室内的光照环境是否满足农作物光照需求；

（2）了解夏季室内和阳台空间光照特性。

5.3.2 测量结果分析及结论

测量时段内，室外太阳光照强烈，正午时室外光照强度最高可达 108.8klx，日照时数达到 12.2h，高于冬季同一时刻的室外光照强度。然而，室内和阳台测点的光照强度则低于冬季室内相同位置和时刻的光照强度。例如，6 月 19 日①-M-D50-H100 的光照强度仅为 6.18klx。夏季测量中，①的所有测点都处于阴影内，全天测量中，没有测点的光照强度达到 10klx。

（1）建筑室内和封闭阳台光环境不满足农作物需求

6 月 19 日，室外光照强度在 6：00 ~ 18：00 间达到 2klx，共 13h，6：00 ~ 16：00 间达到 10klx，共 11h，7：00 ~ 16：00 间达到 20klx，共 10h。同日，①-M-D50-H100 在 8：00 ~ 16：00 期间达到 2klx，共 9h。测点①的基本测点光照强度均小于 10klx，满足 2klx 的平均时长为 6.05h，距采光面 50cm 的测点达到 2klx 的时间均值达到 8.1 小时，距采光面 100cm 的测点达到 2klx 的时间均值仅为 4h（表 5-9）。

6 月 19 日，室外和测点①达到特定光照强度范围的时长（单位：h） 表 5-9

测点范围 / 光照时长	室外测点	测点①	
		M-D50-H100	基本测点均值
达到 2klx 时长	13	9	6.05
达到 10klx 时长	11	0	0
达到 20klx 时长	10	0	0

（2）夏季室内光照特性

夏季测量时段内的室外光照强度远大于冬季，但室内和阳台

图 5–6　测点①测量区域没有直射光照
来源：作者拍摄

空间内测点的光照强度却远低于冬季。由于夏至前后，太阳高度角升高，太阳直射光在室内通过的空间区域变小，直射光不能覆盖测点的基本测点，因此，光照强度不足 10klx（图 5-6）。

5.4　室内和阳台光照环境的种植适宜性分析

5.4.1　种植空间季节性变化与适宜种植时段

自然界的光环境随季节变化，冬季时，室外光照强度低，太阳高度角低（冬至日为全年最低），日出至日落时间短，夏季时，室外光照强度高，太阳高度角高（夏至日为全年最高），日出至日落时间长。

建筑室内和阳台空间的光环境测量中，冬季室内光照强度达到 2klx 和 10klx 的光照时间长，夏季室内光照强度达到 2klx 和 10klx 的光照时间短。夏季测量中，南侧采光的室内基本测点光照强度不能达到 10klx。

太阳高度角是影响室内光环境的重要因素，以正午太阳高度角为判断测量区域是否适宜进行农业种植的重要指标。冬至日（12 月 21 日）最低，正午太阳高度角为 26° 34′，夏至日（6 月 21 日）最高，正午太阳高度角为 73° 26′，春秋分日（3 月 21 日 /9 月 21 日）的正午太阳高度角为 50°。4 月 6 日的春季测量中，12：00 时测点①-M-D 37.5-H100 处于直射光下，光照强度为 56.7klx，测点①-M-D75-H100 处于阴影中，光照强度仅为 4.56klx。测量时段中，由于太阳高度角的升高，室内和阳台空间被直射光覆盖的区域有限。基于北京地区城市集合住宅的建筑农业运行时间为 10 月中下旬~次年 4 月中下旬，其中，4 月 20 日[①]的正午太阳高度角 61.68° 最大，[②]室内有直射光覆盖，但适宜种植规模较有限（图 5-7）。

5.4.2 多个采光面的阳台空间光环境

冬季时，太阳高度角较低，南侧直射太阳光能充分覆盖室内测量区域，东、西向的自然光对光环境影响不大，随着太阳高度角升高，南侧采光面不能满足农作物光照需求时，东侧或西侧的太阳光成为有效补充，这一效果在接近春秋分时最为显著，夏至日前后东、西两侧的补光不足以满足农作物生长需求。

5.4.3 种植空间光照环境改良措施

提升建筑室内和阳台的光环境，使其更适合进行农作物种植，应注意以下四方面：

---

① 4 月 20 日正午太阳高度角最高，室内可获得直射光覆盖范围最小。

② 4 月 20 日正午太阳高度角常用值为 61.68°，2009 ~ 2013 年测量数值依次为 61.82°、61.73°、61.65°、61.91° 和 61.83°。

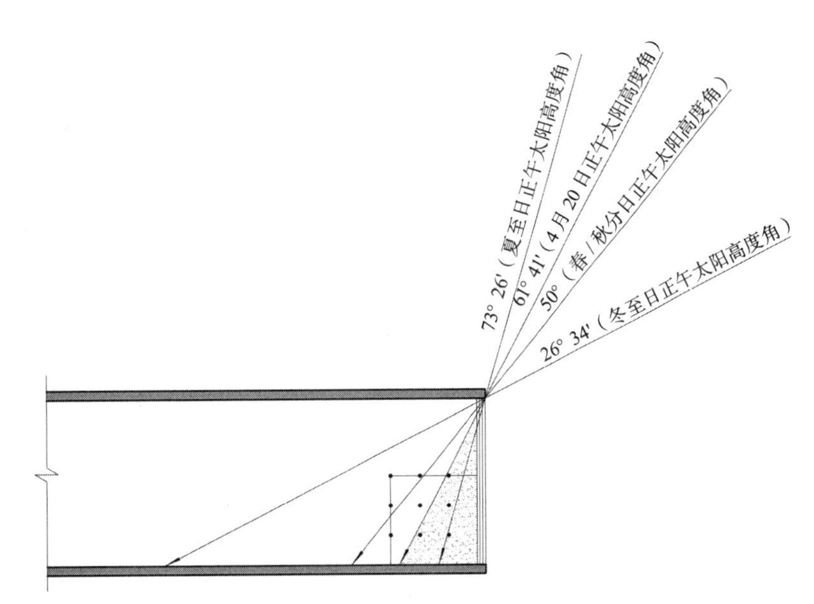

注：图中所示直射光覆盖范围与本次实际测量区域有一定误差。由于测点采光面上沿的外檐影响室内采光，导致夏季测量中基本测点区域无直射光。

图 5-7　冬至、夏至春秋分和 4 月 20 日的正午太阳高度角与直射光

图片来源：作者自绘

（1）种植空间应不受其他建筑或构筑物遮挡，位于建筑中的较高楼层或位于城市环境中的开敞空间里。例如，④位于 6 层建筑的 2 层，因所处楼层较低，受前方建筑和树木的遮挡，因此，光照环境较差。

（2）建筑采光面尺度一定的前提下，建筑采光面应尽可能接近楼板，以获得持续的太阳直射光覆盖区域，或抬高种植区域“基面”，使其接近采光面下沿，使农作物获得更好的光照环境。

（3）为了增加室内和阳台空间中早春和深秋时的连续光照，在保证南侧采光的基础上，尽可能增加东侧或西侧采光。

（4）建筑室内和封闭阳台用于农业种植时，采光面形式应借鉴农业温室。首先，采光面采用小截面构件。其次，采光面纱窗选用可整体收纳的“卷帘”或“收拉百叶”形式，不使用时收起，减少对室内光环境的影响。例如，12 月 26 日的测量中，针对同一位置有无纱窗的光照测量（测点①），表明有无纱窗的光照强度比值在 0.75 ~ 0.98 之间。再次，保持采光面玻璃清洁，增加太阳光透射。最后，在不影响建筑正常使用的前提，应谨慎采用采光面外侧的防护栏、雨篷，如必须采用，应控制构件尺寸，降低它对室内采光的影响。

5.5 本章小结

建筑室内和封闭阳台的光照测量实验中，冬季，大部分室内和阳台光照环境满足农作物需求，夏季室内和阳台空间光照环境均不满足农作物需求。

南侧自然采光条件是测量区域光照环境的决定因素。春季和秋季，太阳高度角升高时，南侧进入室内和阳台的自然光覆盖范围变小，东、西两侧采光有一定补充作用。

为获得更好的室内和阳台光环境，应保证种植空间不受其他建筑或构筑物遮挡。采光面尺度一定时，农作物种植区域应尽可能接近建筑采光面下沿，以获得持续的太阳直射光，在保障南侧采光的基础上，补充东、西侧的采光面，获得充分的自然光。此外，室内和阳台采光面的构造方式应借鉴农业温室，避免截面尺寸较大的构件，控制纱窗等设施对采光的影响，提高玻璃的透光率。

第六章
北京地区城市住宅温度环境的农业种植适宜性研究

封闭阳台是中国北方地区住宅的气候性产物，寒冷天气时，封闭阳台可作为缓冲，减少建筑居室与自然环境之间的热量交换。对建筑农业来说，封闭阳台因采光面积大，光照条件优，满足种植空间的光照要求，它以温室效应积聚热量，利用建筑室内温度资源，满足种植空间的温度环境。此外，建筑室内、紧靠采光面的区域也具有类似特征。正是由于这些特征的存在，这两类空间成为北京地区城市集合住宅农业生产实践的主要空间类型。

在以往的研究中，封闭阳台和室内空间中的建筑农业所带来的生产效益，以及空间自身能够在多大程度上满足农业种植的需求，这些问题一直存在争议。本章将建筑室内和阳台空间作为研究对象，对其进行温度环境测量实验，判断冬季、春季和夏季温度环境是否适宜农业种植，明确其温度环境特性，总结影响温度环境表现的因素，并提出种植空间温度环境改进措施。

6.1 实验基本情况

测量实验的目的：

（1）验证在冬季、春季和夏季不同的气候条件下，建筑室内和封闭阳台空间的温度环境是否满足农作物种植需求；

（2）比较建筑室内空间和封闭阳台空间的温度环境，确定影响测量区域温度环境的因素，提出改进温度条件的措施；

（3）确定测量区域内，温度在垂直方向和采光面进深方向的变化，提出最适宜农业种植的空间区域。

本书选择在北京和天津地区的城市集合住宅建筑中进行温度测量实验。北京平原地区的年平均气温为 11 ~ 13℃，1 月最冷，月平均温度为 −4 ~ −5℃，7 月最热，月平均温度为 26℃左右。[①] 天津地区的年平均温度为 11.4 ~ 12.9℃，1 月平均温度为 −3 ~ −5℃，7 月平均温度为 26 ~ 27℃。[②] 两地在建筑气候分区中都属于严寒地区，建筑以防寒保温为主要需求、兼顾防热，冬季采取主动供暖为室内温度调节措施。

① 中国天气网：http：//bj.weather.com.cn/sdqh/2013/6 /25.

② http：//www.china.com.cn/aboutchina/zhuanti/09dfgl/2009-04/17/content_17626362.htm.

实验分为冬季、春季和夏季三个阶段。冬季实验选取北京、天津地区最冷时段，即大寒日（1 月 20 日）前后；春季测量选择集中供暖结束后的 4 月；夏季测量在全年最热的大暑节气（7 月 22 ~ 24 日）前后进行。

6.1.1　测点建筑平面布局

测量实验选取了北京、天津地区的 7 栋集合住宅建筑，各自的建造时间、空间布局、采光面构造和供暖方式均有不同（表 6-1、图 6-1）。实验选取南向采光的室内靠窗和封闭阳台空间进行测量，设置有 8 个测点。[①]

其中，测点①、②处于同一个居住单元中，位于 10 层建筑的 8 层，①处于室内靠窗区域，②位于南向阳台中，阳台东、南和西侧三面采光。测点③位于南向客厅靠窗区域，该居住单元位于 16 层建筑的 8 层。测点④位于南向阳台中，有东侧采光，该居住单元处于 6 层建筑的 2 层，南侧的住宅楼和树木影响测量区域采光。测点⑤处于 6 层建筑的 2 层，是 L 形住宅中长端的中间部分，南侧树木和建筑影响测量区域采光。测点⑥位于 18 层建筑的 9 层，测点位于南向阳台，有东侧采光。测点⑦位于 7 层建筑的 5 层，位于客厅室内靠窗区域。测点⑧位于 6 层建筑的 6 层，南侧阳台中，阳台三面采光。上述测点中，如未专门提及，测点周围建筑均不影响采光（表 6-1）。

测点基本情况　　表 6-1

编号	测点基本情况				使用情况	
	建成时间	所在层数 / 总体层数	测量位置	供暖方式	是否开窗通风	是否开启隔断
①	2004	8/10	室内	集中供暖	否	—
②	2004	8/10	阳台	集中供暖	否	是
③	2008	8/16	室内	自主供暖	否	—
④	1985	2/6	阳台	集中供暖	否	否
⑤	1990	2/6	阳台	集中供暖	否	是
⑥	2010	9/18	阳台	集中供暖	否	否

① 测点①~⑥号位于北京地区，测点⑦和⑧号位于天津地区。

续表

编号	测点基本情况				使用情况	
	建成时间	所在层数/总体层数	测量位置	供暖方式	是否开窗通风	是否开启隔断
⑦	2003	5/7	室内	集中供暖	否	—
⑧	1991	6/6	阳台	集中供暖	否	日间开启

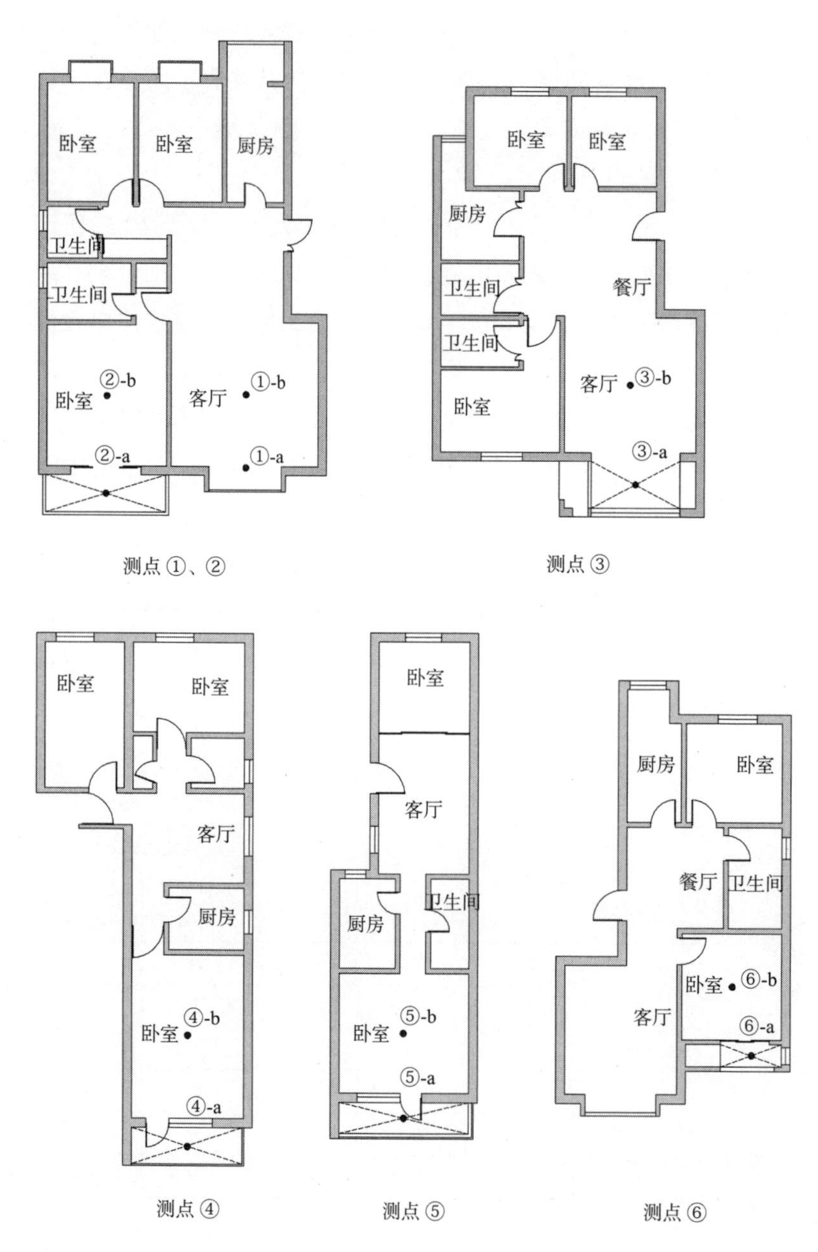

图 6-1 测点①~⑧平面图（一）

来源：作者自绘

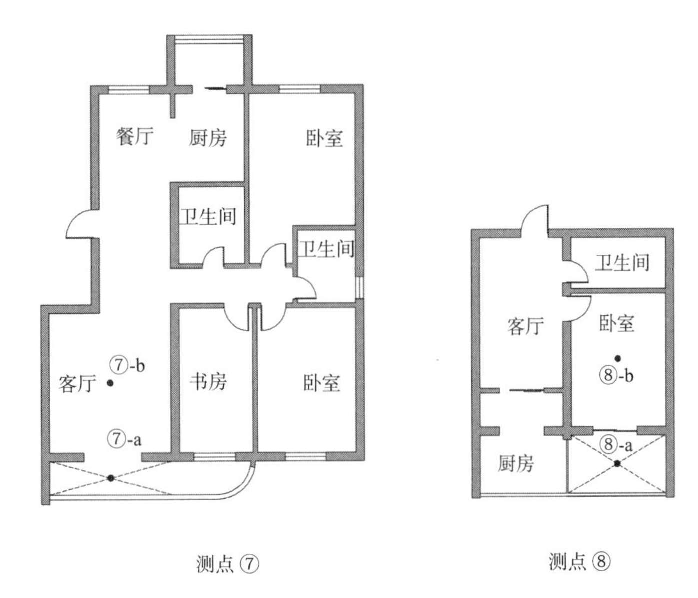

图 6–1　测点①~⑧平面图（二）
来源：作者自绘

6.1.2　测量方法与仪器

测量使用温度自记仪，每 10min 测量并记录 1 次（表 6-2）。对同一测点的测量至少达到连续的 48h，并尽可能包括晴天和阴天（或雾霾天气）天气条件。

实验选取建筑室内或阳台空间内的一点作为基本测点，并选择对应的居室空间（客厅或卧室）内一点为辅助测点。其中，阳台测点位于几何中心、距地面 100cm；室内测点距南向采光面 0.75cm 的正中位置，距地面 100cm。[①] 测点编号由两部分组成，第一部分为测点编码，第二部分为基本测点或辅助测点编号。例如：① -a 为测点①的基本测点，① -b 为测点①的辅助测点。

测量仪器登记表　　**表 6–2**

仪器名称	分辨率	测量精度	测量范围	测量时间
BES-01 温度自记仪	0.01℃	± 0.5℃	–30° ~ 50℃	4 次 /s

① 测点⑥的阳台测点和室内测点距地面 150cm。

6.1.3 农作物适宜温度范围与温度环境分析方法

考虑到建筑农业的光照条件受到周边城市环境和建筑表皮影响，光照强度和光照时长条件均难达到农业生产要求。所以在研究中，以绿叶菜类和白菜类为对象，对温度环境进行分析。它们不要求长日照，生长发育关键节点对于光照强度要求低，这类蔬菜包括结球甘蓝、芥菜、韭菜、芹菜、莴苣、不结球白菜、叶用芥菜、芫荽、蕹菜和茼蒿等。这些蔬菜的生长适宜温度在10 ~ 25℃之间，在光照和二氧化碳浓度适宜时，日间温度25℃左右，农作物的光合作用效果最佳，利于积累干物质；夜间温度较低则可抑制农作物呼吸作用，减少干物质消耗。

在数据分析过程中，以日出、日落时间为分界点，分别以农作物日间适宜温度范围和夜间适宜温度范围作为衡量指标。其中，农作物的日间适宜温度范围设为20 ~ 25℃，这一适宜范围也可达到30℃。农作物夜间适宜温度设为15 ~ 20℃。除此之外，考虑到一些喜凉耐寒蔬菜的抗低温的特点，冬季和早春季节的夜间适宜温度范围可以扩至10℃。而部分耐热蔬菜能适应超过30℃的温度，所以夏季测量中30 ~ 35℃的温度范围也被视作可以生存的温度范围。

在温度测量实验中，采取两类温度分析手段。其一，参考农业温室中的监测方法，比较测点及室外环境的日最高温度、日最低温度、日平均温度和日较差，明确被测空间的极限温度值和基本温度范围，对温度环境做基本了解，除去温度过高或过低①的测点，缩小分析范围。其二，在测点温度基本满足要求的基础上，根据日间和夜间适宜温度范围，按照日出、日落时间划分昼夜，比较测点温度满足相应适宜温度范围的时长，确定测点是否满足种植的温度需求。由于温度自记仪测量频率为10min一次，所以时长计算以10min为基本单位。

① 冬季测量实验中，如果测点温度低于10℃的或高于30℃，则该测点被视为不适宜农业种植。

6.2　冬季测量实验

冬季测量实验选在一年中最冷的时段，判断城市集合住宅建筑在室外气温最低、室内供暖的前提下，建筑室内和阳台空间是否满足农作物的温度需求。

6.2.1　测量实验设置

冬季测量实验目的：

（1）在建筑供暖时段且室外气温最低时，住宅建筑室内和阳台空间是否满足农作物的温度需求。

（2）比较室内靠窗和封闭阳台空间的温度环境条件，确定影响温度环境的作用因素，提出改进途径。

（3）了解距采光面进深方向和同一进深垂直方向的温度变化，提出适宜农作物种植区域范围。

冬季测量实验时间 2013 年 1 月 9 日 ~ 22 日。测量时段中，仅 1 月 9 日、16 日和 17 日为晴天，15 日为阴转晴，而 1 月 10 日、13 ~ 15 日、20 ~ 21 日均为阴霾天气。

冬季测量实验中，除设置基本测点和辅助测点外，还在测点①和③设置了高度和进深方向的测点。高度方向实验中，测点①距采光面 75cm 的正中位置、距地面分别 0cm、50cm、100cm 和 150cm 处设置测点（测量时间为 1 月 9 ~ 10 日）。进深方向实验，测点①距地面 100cm、距采光面分别 25cm、75cm 和 125cm 的位置设置温度自记仪（测量时间 1 月 13 ~ 16 日）。测点③距地面 100cm、距采光面分别 25cm、75cm、125cm 和 175cm 的位置设置温度自记仪（测量时间 1 月 13 ~ 17 日）（图 6-2）。

6.2.2　测量结果分析

冬季测量实验中，室外日平均温度始终低于 0℃，而受供暖的影响，基本测点的日平均温度分布在 7.89 ~ 24.32℃之间，内外测点日平均温度差最大可达 30.02℃，出现在 1 月 9 日的测点①（表 6-3、表 6-4）。

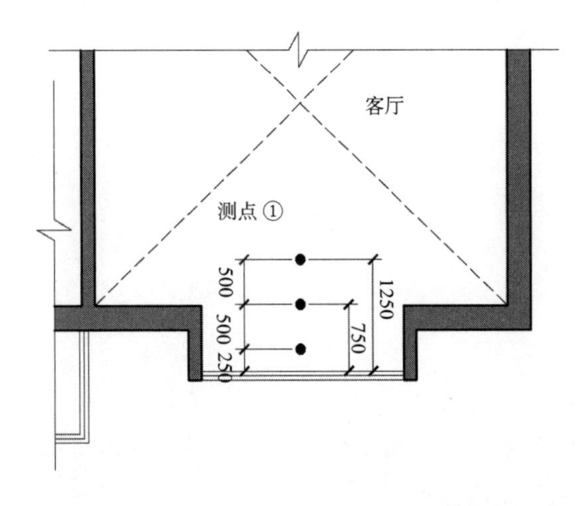

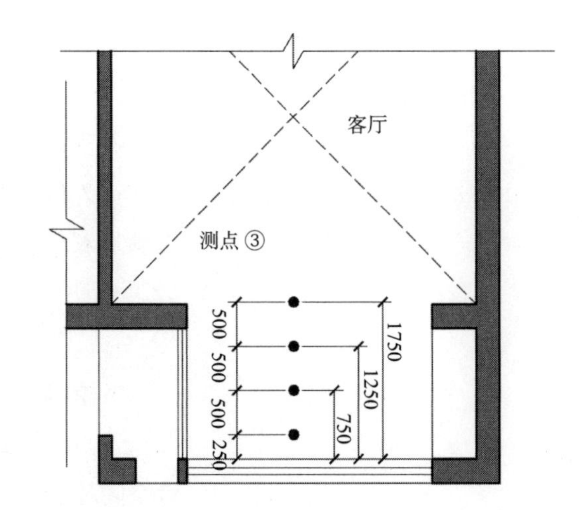

图 6-2 测点①和③距采光面进深方向的测点布置
来源：作者自绘

1 月 9 日~ 17 日室内外日平均温度（单位：℃） 表 6-3

日期	室外日平均温度	测点日平均温度					
		①	②	③	④	⑤	⑥
1 月 9 日	-5.7	24.32	19.98	—	—	—	—
1 月 10 日	-6.7	21.92	17.54	—	—	—	—
1 月 13 日	-4.0	21.07	—	19.68	13.75	17.78	7.89
1 月 14 日	-5.8	21.61	—	20.01	14.29	18.36	11.92
1 月 15 日	-4.4	21.98	—	20.29	14.52	18.44	10.29
1 月 16 日	-5.7	22.88	—	20.97	15.09	19.33	11.26
1 月 17 日	-4.8	—	—	22.41	16.19	21.52	12.43

室外天气资料来源：北京市大兴区气象局

1 月 20 日~ 21 日室内外日平均温度（单位：℃） 表 6-4

日期	室外日平均温度	测点日平均温度	
		⑦	⑧
1 月 20 日	-2.5	19.98	10.06
1 月 21 日	-1.8	20.99	11.16

数据来源：中国气象网，http：//www.weather.com.cn，2013/6

（1）基本测点——日最高温度、日最低温度、日平均温度和日较差

测量时段中，基本测点的温度极端最大值为 36.56℃，出现

在 1 月 17 日的④-a（阳台），温度极端最小值为 6.19℃，出现在 1 月 14 日的⑥-a（阳台）（表 6-5）。

不同天气条件下，同一基本测点的日最低温度相差不多。例如，②-a 晴天时的日最低温度为 16.13℃（9 日），雾霾天气时的日最低温度为 15.25℃（10 日）;④-a 在 1 月 13 日~ 17 日间、晴天和阴霾天气条件下的日最低温度分别为 13.19℃、13.13℃、13.13℃、13.31℃和 13.38℃。但测点的日最高温度相差较大。②-a 晴天时的日最高温度为 27.69℃（9 日），雾霾天气时的日最高温度仅为 21.38℃（10 日）; ④-a 在 1 月 13 日~ 17 日的日最高温度分别为 16.38℃、19.75℃、20.25℃、25.25℃和 33.88℃，最大相差 17.5℃。日较差是一日中最高温度与最低温度的差值，体现一天中的温度变化。测量结果表明，各基本测点均晴天时日较差大，阴天时日较差小。例如，④-a 也表现出相同的性质，晴天时（17 日）其日较差为 20.50℃，雾霾天气（13 日）时仅为 6.13℃（表 6-6）。

测点日最高温度均出现在 11 : 30 ~ 14 : 50，其中，13 : 50 ~ 14 : 10 是日最高温度出现频率最高的时间区域。与之相对的，日最低温度的出现时间范围广，分布于凌晨、清晨和傍晚，持续时间长。例如，⑤-a（阳台）在 1 月 13 日中，于 00 : 00 ~ 07 : 30 中多次、断续出现了最低温度 18.81℃;③-a（室内）在 1 月 15 日中，于 02 : 20 ~ 06 : 20 多次、断续出现了最低温度 17.31℃。

日最高温度和日最低温度的出现频率规律差异，符合对测量区域空间温度环境构成原理的推测。冬季，测点温度受到建筑室内供暖、围合面散热和温室效应积聚热量等几方面影响。其中，日最低温度主要受到建筑室内供暖和围合面散热影响，而这两种因素在不同天气条件下、昼夜之间的差异不大。不同测点之间的日最高温度差异由该测量区域基于温室效应积聚热量的能力决定，而不同天气条件下的同一测点的日最高温度差异则由太阳光辐射决定。

测点①~⑥日最高温度、最低温度、日较差和日平均温度（单位：℃） 表 6–5

测点位置	①-a	②-a	③-a	④-a	⑤-a	⑥-a
测量时段最大值	29.44	27.69	30.69	33.88	36.56	31.38
测量时段最小值	19.56	15.25	18.81	13.13	16.88	6.19
测量日 / 天气	1 月 9 日 / 晴					
日最高温度	34.13	27.69				
日最低温度	20.31	16.13				
日较差	13.81	11.56				
日平均温度	24.32	19.98				
测量日 / 天气	1 月 10 日 / 阴雾					
日最高温度	24.94	21.38				
日最低温度	20.63	15.25				
日较差	4.31	6.13				
日平均温度	21.92	17.54				
测量日 / 天气	1 月 13 日 / 阴雾					
日最高温度	24.00		21.31	16.38	20.13	11.13
日最低温度	20.13		18.88	13.19	17.31	6.69
日较差	3.87		2.43	3.19	2.82	4.34
日平均温度	21.07		19.68	13.75	17.78	7.89
测量日 / 天气	1 月 14 日 / 阴雾					
日最高温度	26.00		23.38	19.75	23.13	23.75
日最低温度	20.44		18.81	13.13	16.88	6.19
日较差	5.56		4.57	6.62	6.25	17.56
日平均温度	21.61		20.01	14.29	18.36	11.92
测量日 / 天气	1 月 15 日 / 间晴					
日最高温度	27.88		25.13	20.25	24.44	21.25
日最低温度	20.44		18.81	13.13	17.13	6.75
日较差	7.44		6.32	7.12	7.31	14.50
日平均温度	21.98		20.29	14.52	18.44	10.29
测量日 / 天气	1 月 16 日 / 晴					
日最高温度	29.44		26.44	25.25	26.19	26.06
日最低温度	19.56		19.06	13.31	17.06	6.81
日较差	9.88		7.38	11.94	9.13	19.25
日平均温度	22.88		20.97	15.09	19.33	11.26

续表

测点位置	①-a	②-a	③-a	④-a	⑤-a	⑥-a
测量日 / 天气	1 月 17 日 / 晴					
日最高温度			30.69	33.88	36.56	31.38
日最低温度			19.25	13.38	17.31	7.19
日较差			11.24	20.50	19.25	24.19
日平均温度			22.41	16.19	21.52	12.43
极端最大值	36.56					
极端最小值	6.19					

测点⑦~⑧的日最高温度、最低温度、日较差和日平均温度（单位：℃）　表 6–6

测点位置	⑦-a（室内）	⑧-a（阳台）
测量时段最大值	23.44	14.38
测量时段最小值	19.44	9.38
测量日 / 天气	1 月 20 日 / 阴雾	
日最高温度	22.94	14.13
日最低温度	19.44	9.38
日较差	3.50	4.65
日平均温度	19.82	10.06
测量日 / 天气	1 月 21 日 / 阴雾	
日最高温度	23.44	14.38
日最低温度	19.50	9.38
日较差	3.94	5.00
日平均温度	20.99	11.16
极端最大值	23.44	
极端最小值	9.38	

（2）基本测点——1 月 9 ~ 10 日，测点①-a 和②-a 温度分布

基本分析：测量时段内，不同天气条件下，测点①-a 和②-a 日最低温度都超过 15℃，测点①-a 两日日最低温度都超过了 20℃。晴天时，测点①-a 的最高温度达到 34.13℃，测点②-a 达到 27.69℃；阴霾天气时，测点①-a 的日最高温度为 24.94℃，测点②-a 达到 21.38℃。

温度变化分析：测点①-a 和②-a 的温度曲线形态不同。测点①-a 的温度曲线整体高于测点②-a。低温部分，测点①-a 的曲线

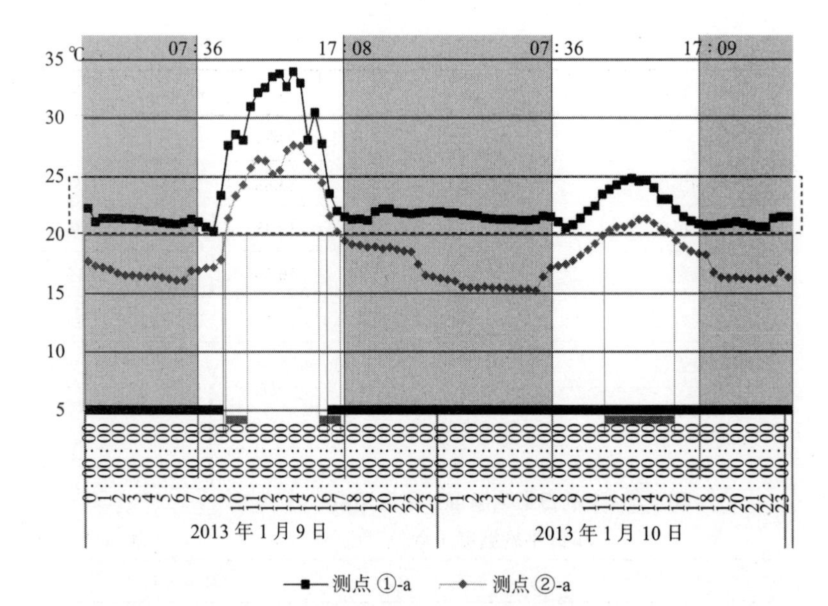

（a）测点满足 20 ~ 25℃的时间段

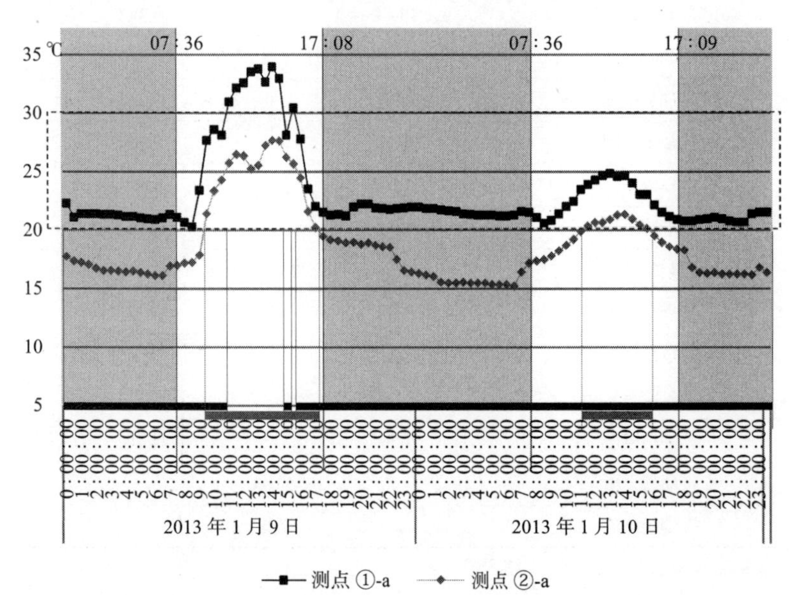

（b）测点满足 20 ~ 30℃的时间段

注：图示灰色部分为夜间，白色为日间。

图 6-3 1 月 9 日~ 10 日，测点①-a 和②-a 温度曲线与温度区间分布

图片来源：作者自绘

下降平缓，测点②-a 曲线下降趋势更明显，9 日夜间~ 10 日凌晨时出现阶梯状向下折线（图 6-3）。高温部分，测点②-a 开始持续升温的时间更早，但上升趋势缓慢。晴天时，温度曲线变化更为剧烈，上升速率和幅度更明显。

种植适宜性分析：测量时段的每日日间时长为9.67h，夜间时长为14.33h。[①] 测点②-a整体温度较低，夜间温度始终处于适宜温度范围内，而测点①-a夜间温度始终大于20℃，不满足夜间温度需求（表6-7）。晴天时，测点①-a温度超过30℃长达4.5h，处于适宜温度范围内时间仅为5.17h。但阴霾天气时，①-a的日间温度始终处于适宜温度范围内，②-a则仅在11：00～15：50之间达到20℃。

1月9～10日，测点①–a和②–a满足农作物日夜温度需求时间表（单位：h） **表6–7**

温度范围 \ 测点	1月9日		1月10日	
	测点①-a	测点②-a	测点①-a	测点②-a
日间20～25℃	2.5	2.83	9.67	4.67
日间25～30℃	2.67	5	0	0
夜间15～20℃	0	14.33	0	14.33
夜间10～15℃	0	0	0	0

（3）基本测点——1月13日～17日，测点①-a、③-a、④-a、⑤-a和⑥-a的温度分布

基本分析：测量时段涵盖晴天和阴霾天气，各测点日最低温度差异不大，测点①-a、测点③-a～⑥-a日最低温度分别为19.56～20.44℃，18.81～19.25℃，13.13～13.38℃，16.88～17.31℃和6.19～7.19℃。但各测点日最高温度具有较大差异，测点①-a、测点③-a～⑥-a的日最高温度范围依次为24～29.44℃，21.31～30.69℃，16.38～33.88℃，20.13～36.56℃和11.13～31.38℃。其中，测点⑥-a在测量时段中的日最高温度差异最大，达到了20.25℃（见表6-6）。测量时段中，测点⑥-a和④-a的低温温度过低，分别处于7℃和13℃左右，其夜间温度不能达到农作物需求范围。

温度变化分析：低温部分，测点④-a的曲线最为平缓，测点⑥-a下降最为明显。高温部分，测点⑥-a上升趋势最为剧烈，

① 计算日间时长时以10min为一个基本单位，当日出、日落的时间并非整10min时，四舍五入。

测点④-a 次之，测点③-a 则变化的最为平缓。阴霾天气时，由于太阳辐射有限，昼夜温差不大，低温部分奠定了曲线的温度范围。13 日，测点⑥-a 和测点④-a 因低温较低，日间温度上升缓慢，无法达到 20 ~ 25℃的温度范围。反之，测点①-a 因低温较高，所以在阴霾天气、太阳辐射不足时，可以达到农作物适宜温度范围 20 ~ 25℃（13 日）。晴天时，各测点温度快速上升，17 日，所有测点在正午前后、温度最高时都超过了 30℃（图 6-4、图 6-5）。

种植适宜性分析：昼夜时长方面，1 月 13 ~ 14 日的日间时长为 9.67h，夜间时长为 14.33h。1 月 15 ~ 17 日的日间时长为 10h，夜间时长为 14h。日照时间（太阳直射光）方面，13 ~ 14 日为 0h，15 ~ 17 日分别为 2.7h、6.1h 和 8.0h。

测点①-a（测量时段 1 月 13 日 ~ 16 日）夜间温度始终处于 20℃以上，不符合农作物需求，但日间温度始终≥ 20℃且＜ 30℃，满足农作物需求（表 6-8）。测点③-a 夜间温度≥ 15℃且＜ 20℃的时长为 7.5 ~ 14.34h，每日满足需求的时长逐步减少；日间温度≥ 20℃且＜ 30℃的时长为 5.5 ~ 9.17h，总体趋势为逐步增加，其中，日间温度≥ 20℃且＜ 25℃的时间逐步减少，而日间温度≥ 25℃且＜ 30℃增加。测点④-a 的夜间温度始终处于≥ 10℃且＜ 15℃，不满足农作物需求。测点⑤-a 的夜间温度始终处于≥ 15℃且＜ 20℃，符合农作物需求。1 月 13 ~ 16 日，日间温度≥ 25℃且＜ 30℃的时间分别为 0.5h、4.83h、4h 和 9.34h，满足需求的时长总体趋势为增加。17 日，其日间温度≥ 20 且＜ 30℃的时长为 4.33h，另外＞ 30℃的时长为 2.67h。测量时段内，测点⑥-a 夜间温度始终＜ 15℃，其中大部分时间＜ 10℃，不满足农作物需求（表 6-8）。

综合考量各测点的日最高温度和最低温度等极限温度值、温度曲线变化和满足日间、夜间适宜温度范围的时长，测点③-a 和⑤-a 最接近农作物的温度需求。两个测点的低温部分符合农作物的夜间温度需求，日间温度较长时间处于适宜范围内。其余各点中，测点①-a 因夜间温度过高、测点④-a 和⑥-a 因夜间温度和阴霾天气时日间温度过低，均不适宜农作物种植。

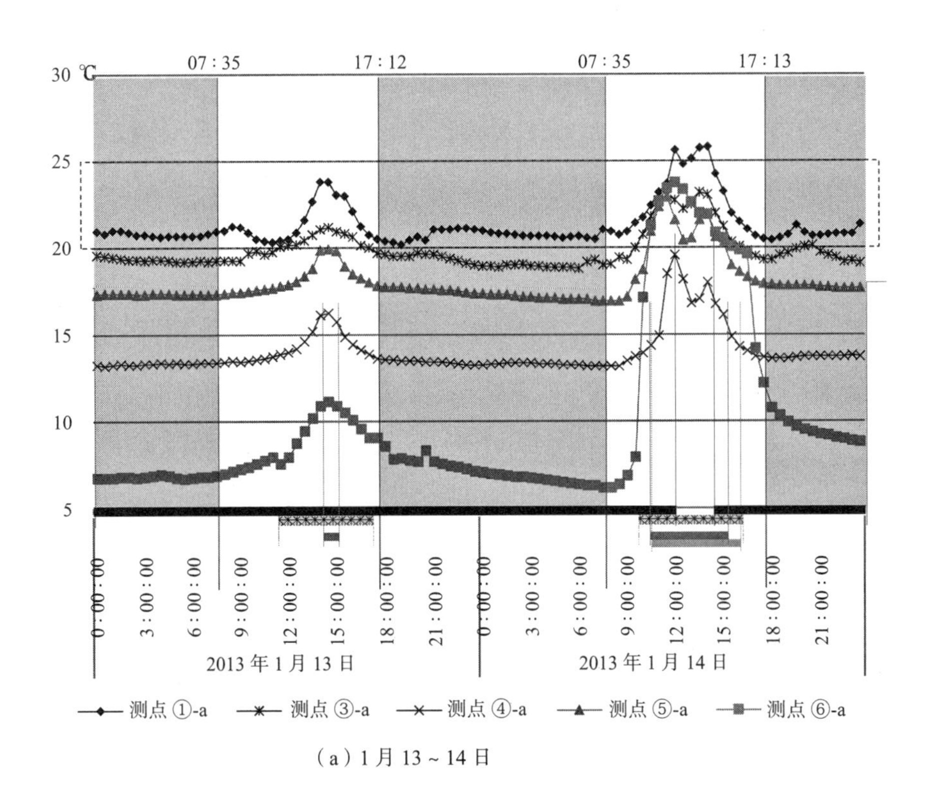

（a）1 月 13 ~ 14 日

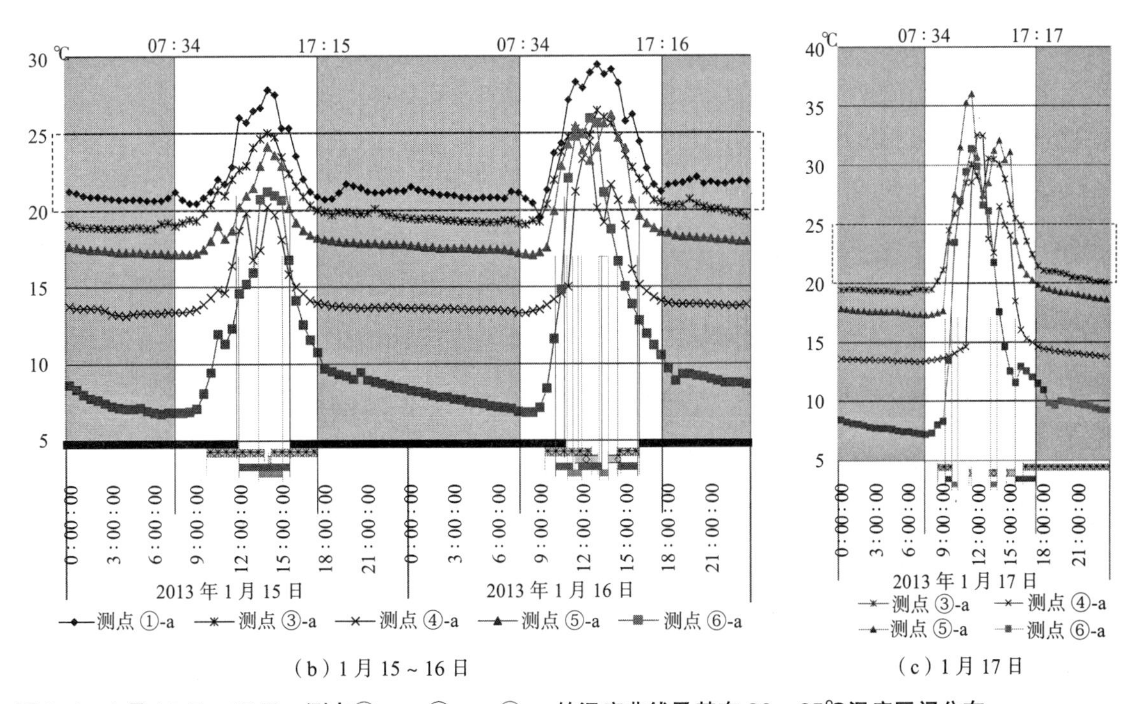

（b）1 月 15 ~ 16 日

（c）1 月 17 日

图 6-4 1 月 13 日~ 17 日，测点①-a，③-a ~⑥-a 的温度曲线及其在 20 ~ 25℃温度区间分布

来源：作者自绘

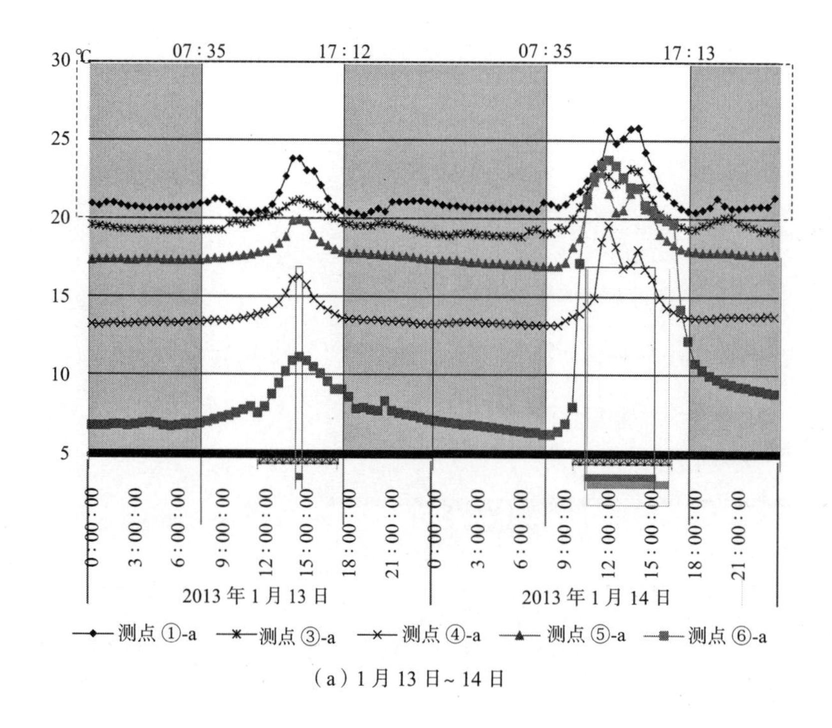

（a）1 月 13 日~ 14 日

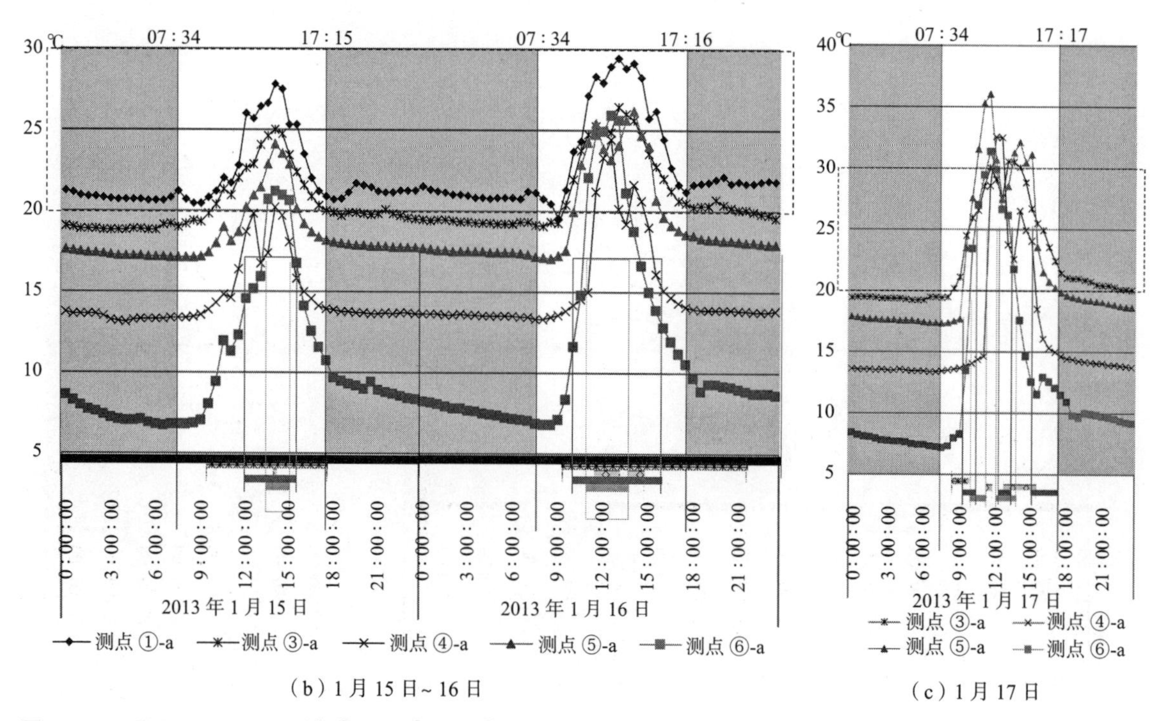

（b）1 月 15 日~ 16 日

（c）1 月 17 日

图 6-5 1 月 13 ~ 17 日，测点①-a，③-a ~⑥-a 的温度曲线及其在 20 ~ 30℃温度区间分布

来源：作者自绘

1 月 13 ~ 17 日，测点①、③、④、⑤和⑥满足农作物日夜需求时间表（单位：h）　表 6–8

测量日期	测点 / 温度范围	测点①-a	测点③-a	测点④-a	测点⑤-a	测点⑥-a
1 月 13 日	日间 20 ~ 25℃	9.67	5.5	0	0.5	0
	日间 25 ~ 30℃	0	0	0	0	0
	夜间 15 ~ 20℃	0	14.34	0	14.33	0
	夜间 10 ~ 15℃	0	0	14.34	0	0
1 月 14 日	日间 20 ~ 25℃	8.17	7	0	4.83	5.67
	日间 25 ~ 30℃	1.5	0	0	0	0
	夜间 15 ~ 20℃	0	13.33	0	14.33	0
	夜间 10 ~ 15℃	0	0	14.34	0	1.67
1 月 15 日	日间 20 ~ 25℃	6.33	6.83	0	4	1.83
	日间 25 ~ 30℃	2.67	0.67	0	0	0
	夜间 15 ~ 20℃	0	13.5	0	14	0
	夜间 10 ~ 15℃	0	0	14	0	0
1 月 16 日	日间 20 ~ 25℃	4.33	5	2.67	5.67	1.83
	日间 25 ~ 30℃	5.67	3	0	3.67	1.17
	夜间 15 ~ 20℃	0	9.83	0	14	0
	夜间 10 ~ 15℃	0	0	14	0	0
1 月 17 日	日间 20 ~ 25℃		4.83	2	2.33	0.5
	日间 25 ~ 30℃		4.33	1	2	2.33
	夜间 15 ~ 20℃		7.5	0	14	0
	夜间 10 ~ 15℃		0	14	0	1.5

（4）基本测点——1 月 20 ~ 21 日，测点⑦-a 和⑧-a 的温度分布

基本分析：两日均为阴霾天气，测点日最高温度和最低温度差异小。测点⑦-a 日最高温度为 22.94℃和 23.44℃，日最低温度为 19.44℃和 19.50℃。测点⑧-a 的日最高温度为 14.13℃和 14.28℃，日最低温度均为 9.38℃。

温度变化分析：测点⑦-a 和⑧-a 的温度曲线体现阴霾天气测点的变化特点，没有形成典型的因温室效应温度升高的日间曲线形态。

测点⑦-a 的温度曲线低温部分平缓，但 20 日日间，9 : 00 ~ 10 : 00 时温度骤然上升，随后稳定，直至 17 : 30 ~ 18 : 30 时迅速下降。同样的特性体现在 21 日日间。综合测点空间形态、

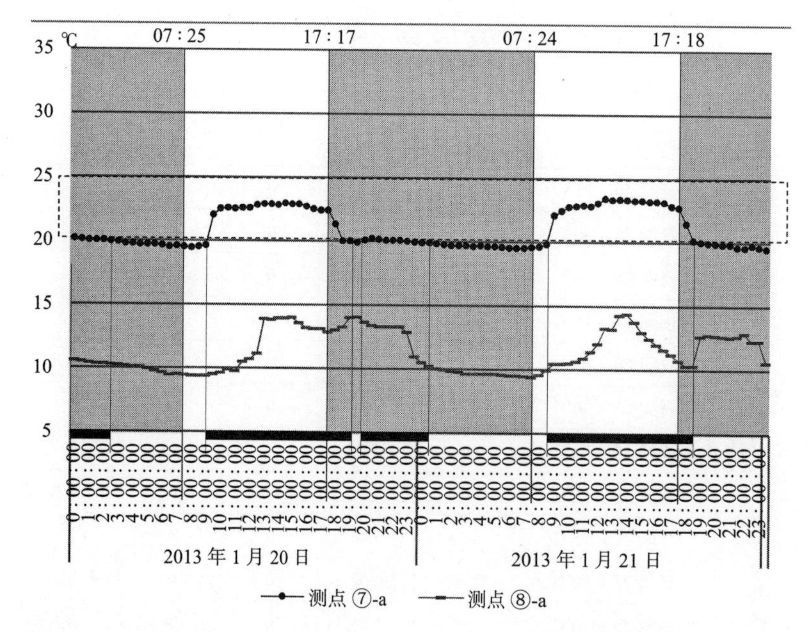

图 6–6 1 月 20 日 ~ 21 日，测点⑦ –a 和⑧ –a 的温度曲线及其在 20 ~ 25℃温度区间分布

图片来源：作者自绘

围合面、供暖和日常使用情况，推断测点⑦-a 日间“梯形曲线”的形成原因是居室与测点空间空气流通的热交换。测点⑦-a 位于客厅外凸的阳台，东、南两侧为玻璃窗。外凸空间和客厅之间有窗帘，窗帘夜间闭合、日间开启。居室采用地暖，供暖区域不包括阳台。测点急剧变化温度在窗帘开启、闭合的 1h 内（图 6-6）。

测点⑧-a 在 20 日日间，温度曲线上升、高温停留和下降趋势与测点⑦-a 相似，21 日，温度曲线在 19：00 短时快速上升。测点⑧-a 处于阳台，没有供暖。21 日，阳台门日间关闭，19：00 开启阳台门，室内与阳台通风换气，快速形成“梯形曲线”。

种植适宜性分析：测量时段中，20 日日间时长 11h，夜间时长 14h。21 日日间时长为 10.17h，夜间时长 13.83h。测点⑦-a 夜间温度≥ 15℃且＜ 20℃为 11.33h 和 7.83h，日间温度≥ 20℃且＜ 25℃的分别为 8.33h 和 8.83h。测点⑧-a 温度始终低于 15℃，不满足农作物需求（表 6-9）。结合测点温度极端值、曲线和满足日夜适宜温度范围的时长，测点⑦-a 在阴霾天气时基本满足农作物的温度需求。测点⑧-a 因为日、夜间温度过低，不适宜用于农业种植。

1 月 20 日~ 21 日，测点⑦–a 和⑧–a 满足农作物日夜温度需求时间表（单位：h） 表 6–9

温度范围 \ 测点	1 月 20 日		1 月 21 日	
	测点⑦-a	测点⑧-a	测点⑦-a	测点⑧-a
日间 20 ~ 25℃	8.33	0	8.83	0
日间 25 ~ 30℃	0	0	0	0
夜间 15 ~ 20℃	6.17	0	12	0
夜间 10 ~ 15℃	0	11.33	0	7.83

（5）基本测点——影响因素分析 1：热量获得与热量流失

冬季测量实验中，基本测点包括位于室内的①、③和⑦，阳台测点的②、④、⑤、⑥和⑧。测点的温度曲线分为平稳低温和变化明显的高温部分。

测点温度受到空间积聚热量能力、建筑供暖方式与室内空气流通情况（居民开闭窗帘或隔断习惯）、围合面保温效果和室内外通风换气习惯（居民开窗习惯）等影响。其中，空间积聚热量的能力，与采光面积和太阳光通过采光面的效率相关。测点所在阳台均无供暖措施，获得的来自居室的热量，受到阳台与居室之间空间隔断开闭的影响。此外，测点所处空间即为居室和室外空间的“过渡”，阳台或室内空间的开窗通风等日常使用习惯，直接影响测点温度。

低温部分，阳台测点的日最低温度低于同一时段室内测点。晴天时（9 日），测点①-a（室内）和测点②-a（阳台）的日最低温度分别为 20.31℃和 16.13℃；阴霾天气时（10 日），测点①-a 和测点②-a 的日最低温度分别为 20.63℃和 15.25℃。室内测点①-a 和③-a，阳台测点④-a、⑤-a 和⑥-a 的日最低温度也表现出了相同特性。

测点⑥-a 的低温曲线下降趋势最强。曲线低温部分的下降趋势体现了测量区域的保温效果，受建筑供暖方式与室内空气流通情况（居民使用）、围合面保温效果和室内外通风换气习惯影响。测点⑥-a 所在阳台与居室门常闭，获得室内供暖的热量少，而阳台大面积玻璃，散热快，所以夜间温度下降快。

绝大部分测点的高温部分始于日出后。这时，测点温度除了受到低温部分的三个影响因素外，温度随太阳光辐射增加而上升，决定其上升速率的主要因素是空间积聚热量的能力。

判断基本测点温度的上升速率时，一方面，比较各测点每 10min 温度上升的最大值。其中，室内测点①-a（9 ~ 10 日，13 ~ 16 日）每 10min 温度上升最大值为 1.94℃（9 日的 09：10 ~ 09：20），下降最大值为 1.44℃（16 日 14：30 ~ 14：40）。室内测点③-a（13 ~ 17 日）温度上升的最大值为 1.75℃（17 日 12：00 ~ 12：10），下降的最大值为 1.75℃（17 日 12：30 ~ 12：40）。阳台测点②-a（测量时段 9 ~ 10 日）温度上升最大值为 2.44℃（10 日 08：40 ~ 08：50），下降最大值为 3.25℃（10 日 14：30 ~ 14：40）。阳台测点④-a 温度上升最大值为 7.06℃（17 日 11：20 ~ 11：30），下降最大值为 3.69℃（17 日 12：00 ~ 12：10）。阳台测点⑤-a 温度上升最大值为 3.88℃（17 日 09：50 ~ 10：00），下降最大值为 4.50℃（17 日 15：10 ~ 15：20）。阳台测点⑥-a 温度上升最大值为 3.88℃（17 日 09：50 ~ 10：00），下降最大值为 3.00℃（17 日 12：00 ~ 12：10）。以上所有测点中，阳台测点每 10min 温度上升或下降最大值均大于室内测点，即相同或不同测量时段中，阳台测点日间热量获得与热量流失的差值，夜间热量流失与热量获得的差值均大于室内测点。

另一方面，判断测量区域日间温度上升的整体速率时，计算测点上升温度曲线的线性回归函数。测点①-a 和②-a 的曲线截取自 9 日（日照时间 7.3h），测点③-a ~⑥-a 的曲线截取自 17 日（日照时间 8.0h）。“最低 – 最高温度曲线”选取自当日零时后、正午前的最低温度[①]和日最高温度之间的温度曲线。通过对这段曲线求导，得出的“最低 – 最高温度曲线”线性回归函数，其系数由大至小依次为测点⑥（1.1416）、测点⑤（0.9641）、测点①（0.4926）、测点④（0.4376）、测点③（0.2551）和测点②（0.2641），排序为⑥（阳台）>⑤（阳台）>①（室内）>④（阳台）>③（室内）>②（阳台）（图 6-7）。相同或不同测量时段中，测点日间

① 日最低温度为当日 00：00 之后，日最高温度之前的最低温度。

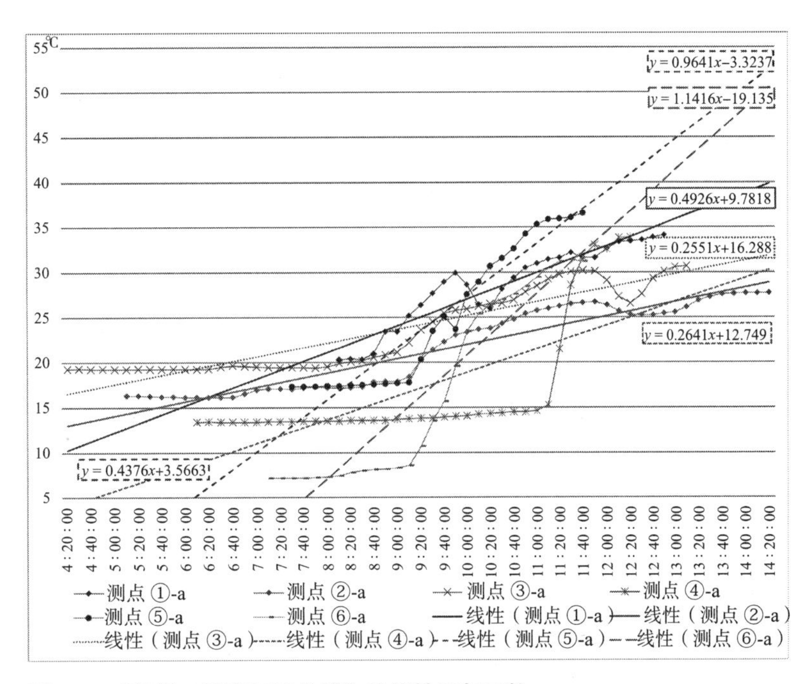

图 6–7　“最低—最高温度曲线”及线性回归函数

来源：作者自绘

热量获得与热量流失的总体差值的排序。

（6）基本测点——影响因素分析 2：通风换气的习惯

包括阳台和室内测点在内的基本测点，主要有两个热量获得的来源，即太阳光辐射和居室供暖。其中，居室供暖是保障测点温度满足农作物需求的双刃剑，也是未来提升温度环境种植适宜性的可控点。测量实验中所有测点，按照测点空间与居室的连通度分为两类：室内测点和阳台测点。阳台测点按照与居室隔断的开闭程度和习惯，分为三种。以下将对两类空间和三种使用习惯，分别建立与温度的关系。

第一类为与居室没有隔断，或测量中未开启隔断的室内测点，测点温度与居室温度相近，特别是低温温度，以测点①-a 为代表。测点位于客厅南侧靠窗区域，直接获取建筑供暖热量，测点整体温度较高，夜间温度始终高于 20℃（图 6-2）。

第二类为阳台空间，存在三种情形。第一种，日常使用中，如果常闭阳台与居室间门窗，阳台空间相对独立，难以获得来自居室的热量，温度变化剧烈，夜间温度低，日间温度高，以测点⑥-a 为代表。该测点除 14 日外，所处的阳台空间始终处

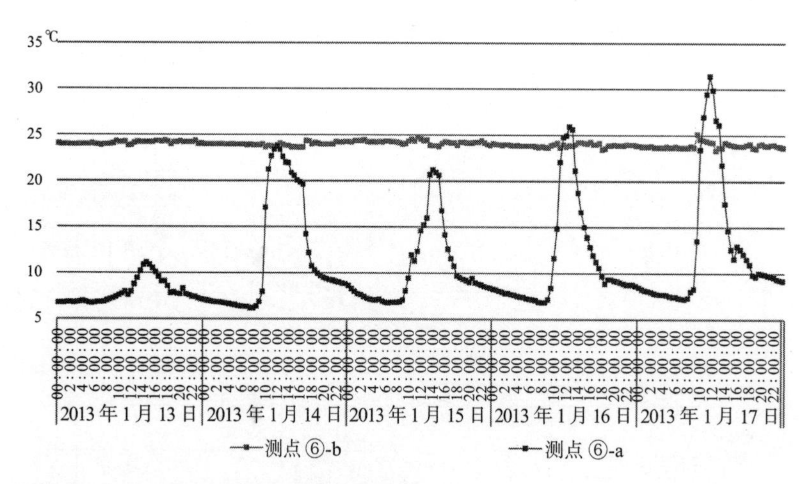

图 6–8 测点⑥–a 与⑥–b 温度曲线图
来源：作者自绘

于密闭状态，形成了典型的温室空间。阳台高度依赖太阳辐射，随日出温度升高，日落温度下降，此过程中，居室温度几乎没有变化（图 6-8）。

第二种，如果阳台与居室长期保持一定空气流通，能提升阳台夜间温度，缓解阳台因温室效应造成的日间温度急升，以测点②-a 为例。阳台与卧室之间以四扇推拉门隔开。日间，推拉门开启约 30 ~ 50cm 空隙；夜间，保留 10cm 左右的空隙。当阳台因为温室效应而温度上升时，通过与居室内空气的热交换，延缓阳台温度上升速度；夜间，阳台温度下降时，通过与居室空气的热交换，防止阳台温度过低。温度曲线中，测点②-a 温度日间上升时，卧室测点②-b 也有所上升。而当 9 日的 22：00 时左右，阳台门空隙变小，热交换过程被抑制时，阳台②-a 的温度下降，居室②-b 温度上升（图 6-9）。

第三种，如果阳台与居室空间隔断采取全封闭或者全开启的方式，会显示出温度快速上升和下降，且阳台与居室温度曲线间呈对称关系，以测点⑧-a 为例。测点日间开启与居室的隔断，夜间关闭。测点⑧的阳台门 20 日 11：00 开启，23：00 左右关闭，测点⑧-a 温度曲线 10：30 ~ 13：00 骤然上升，23：00 ~次日 00：30 之间温度骤然下降，期间保持为较平稳的温度。此间，居室⑧-b 的温度曲线与测点⑧-a 呈几乎对称的形式（图 6-10）。

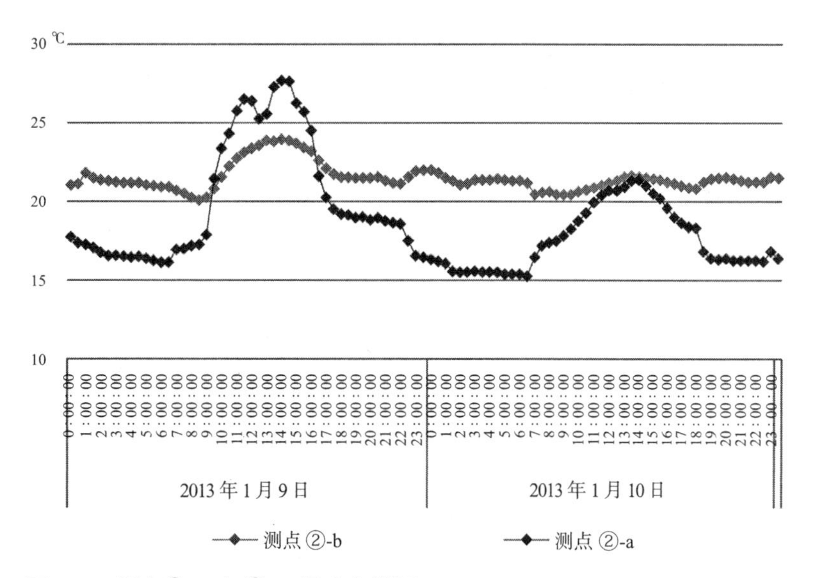

图 6-9　测点②-a 与②-b 温度曲线图

来源：作者自绘

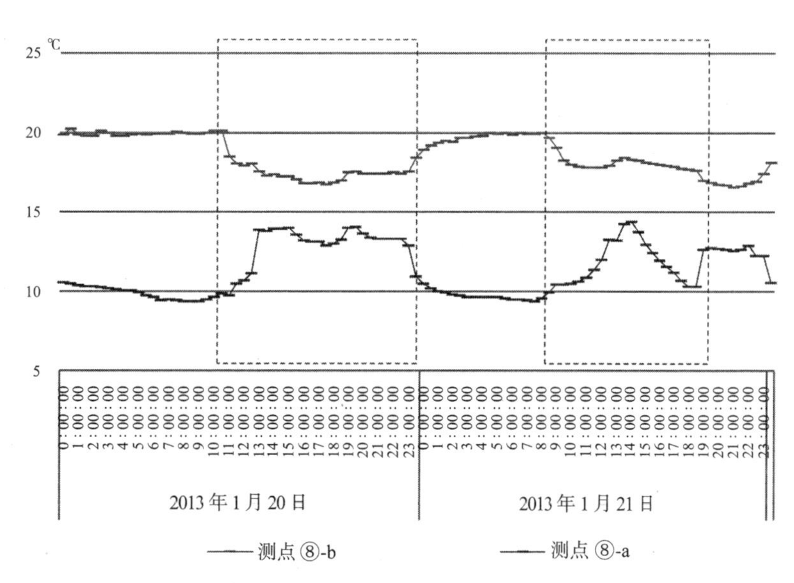

图 6-10　测点⑧-a 与测点⑧-b 温度曲线图

来源：作者自绘

种植适宜性分析：测量实验中，适宜农作物种植的室内测点有③和⑦，阳台测点有②和⑤。它们均与建筑居室间有门窗等隔断，日常使用中，有开闭隔断的习惯，在居室供暖热量输入的帮助下，使测量空间达到适宜农作物种植的温度范围。

（7）采光面进深方向的测点温度分析

基本分析：测量结果表明，高度相同而与采光面不同的测点中，距窗户越近，日最低温度越低，但温度差异不影响种植适宜性。测量时段中，测点①和③中，距采光面 25cm 和 125cm 的测点日最低温度差值最大为 1.44℃（16 日的测点③）。

不同进深测点的日最高温度间不存在共性。不同进深测点间温度差随测量日的日照时数增加而增大。测点③距采光面不同测点的日最高温度差异大，距采光面 125cm 和 25cm 的测点在 1 月 17 日的日最高温度相差达 6.69℃（表 6-10、表 6-11）。

测点①距采光面不同距离的测点温度（单位：℃）　表 6-10

日期	项目	距采光面 125cm	距采光面 75cm	距采光面 25cm
测量时段	测点最大值	29.69	29.44	30.50
	测点最小值	20.38	19.56	19.31
1 月 13 日	日最高温度	24.06	24.00	23.63
	日最低温度	21.00	20.13	19.81
	日平均温度	21.68	21.07	20.49
	日较差	3.06	3.88	3.81
1 月 14 日	日最高温度	26.06	26.00	26.50
	日最低温度	21.06	20.44	19.94
	日平均温度	22.11	21.61	21.41
	日较差	5.00	5.56	6.56
1 月 15 日	日最高温度	27.88	27.88	27.69
	日最低温度	21.31	20.44	19.81
	日平均温度	22.46	21.98	21.50
	日较差	6.56	7.44	7.88
1 月 16 日	日最高温度	29.69	29.44	30.50
	日最低温度	20.38	19.56	19.31
	日平均温度	23.34	22.88	22.53
	日较差	9.31	9.88	11.19

测点③距采光面不同距离的测点温度（单位：℃）　表 6-11

日期	项目	距采光面 175cm	距采光面 125cm	距采光面 75cm	距采光面 25cm
测量时段	测点最大值	29.56	34.88	30.69	28.19
	测点最小值	20.63	19.69	18.81	18.31

续表

日期	项目	距采光面175cm	距采光面125cm	距采光面75cm	距采光面25cm
1月13日	日最高温度	22.06	22.25	21.31	21.00
	日最低温度	20.75	19.81	18.88	18.69
	日平均温度	21.16	20.41	19.68	19.34
	日较差	1.31	2.44	2.44	2.31
1月14日	日最高温度	23.25	25.31	23.38	22.94
	日最低温度	20.63	19.69	18.81	18.50
	日平均温度	21.34	20.98	20.01	19.56
	日较差	2.63	5.63	4.56	4.44
1月15日	日最高温度	24.19	27.63	25.13	24.25
	日最低温度	20.63	19.69	18.81	18.50
	日平均温度	21.57	21.18	20.29	19.87
	日较差	3.56	7.94	6.31	5.75
1月16日	日最高温度	26.06	29.69	26.44	24.63
	日最低温度	20.75	19.75	19.06	18.31
	日平均温度	22.08	21.95	20.97	20.33
	日较差	5.31	9.94	7.38	6.31
1月17日	日最高温度	29.56	34.88	30.69	28.19
	日最低温度	20.88	19.88	19.25	19.00
	日平均温度	23.12	23.54	22.41	21.58
	日较差	8.69	15.00	11.44	9.19

温度变化分析：各测点的温度曲线低温部分平缓，距采光面越近的测点温度越低。测点①和③温度曲线的高温部分缺乏共性。①处距采光面不同距离测点的温度曲线升温速度不同，但各点日最高温度接近。③处测点中，距采光面25cm测点日间温度上升最缓，日最高温度最低，距采光面125cm处的测点日间温度上升剧烈，日最高温度值最大（图6-11）。

种植适宜性分析：其一，距采光面越近的测点，低温越低。测点①和测点③的低温部分高于农作物适宜温度范围，在选取种植区域时，夜间应选取距采光面近、温度低的区域放置农作物。其二，不同进深测点的日最高温度差异较大，与测点的光照条件相关。日间农作物种植区域选择，应参照光照测量综合考量。本次测量实验中，除测点③进深125cm位置温度高于适宜范围，

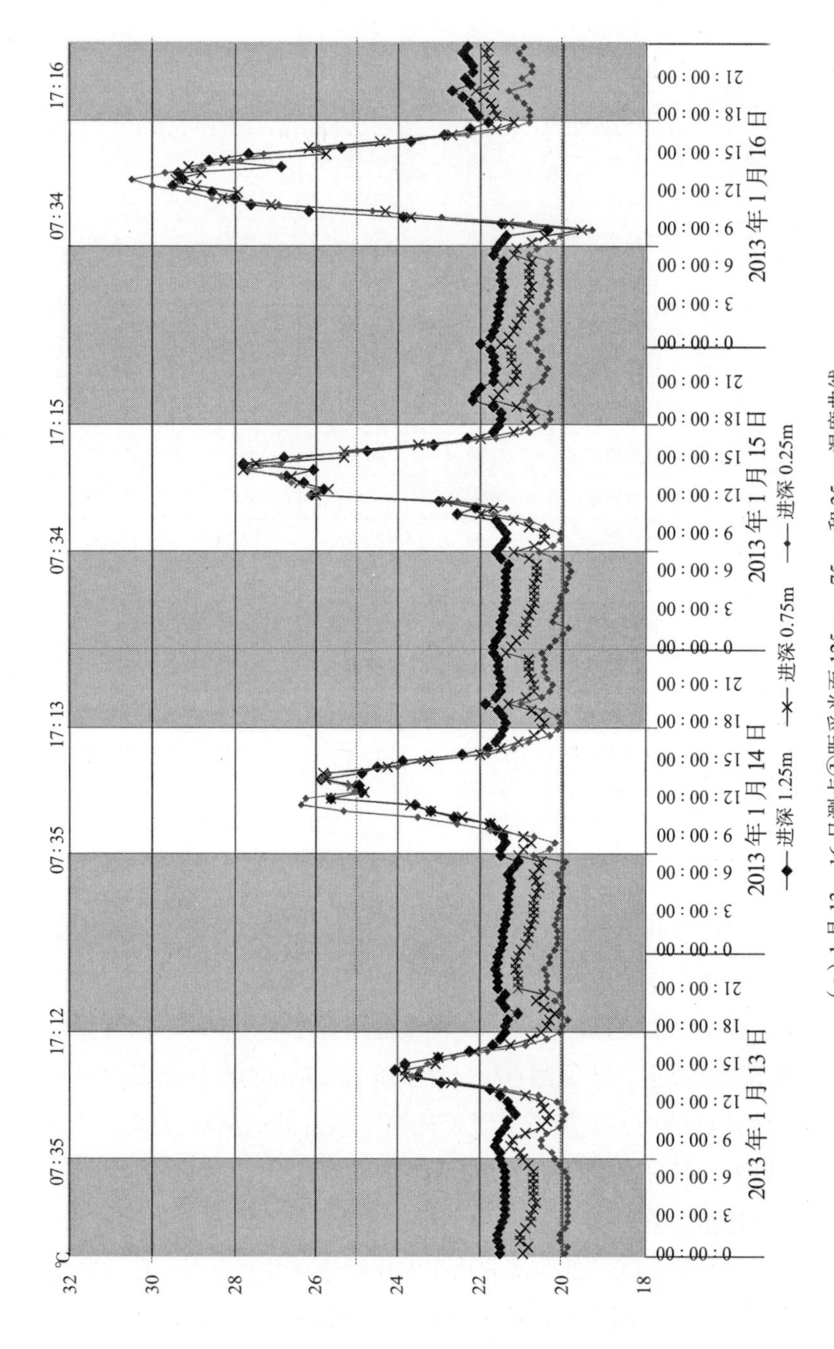

（a）1月13～16日测点①距采光面125cm、75cm和25cm温度曲线

图6-11 测点①、③距采光面不同距离温度曲线图（一）

来源：作者自绘

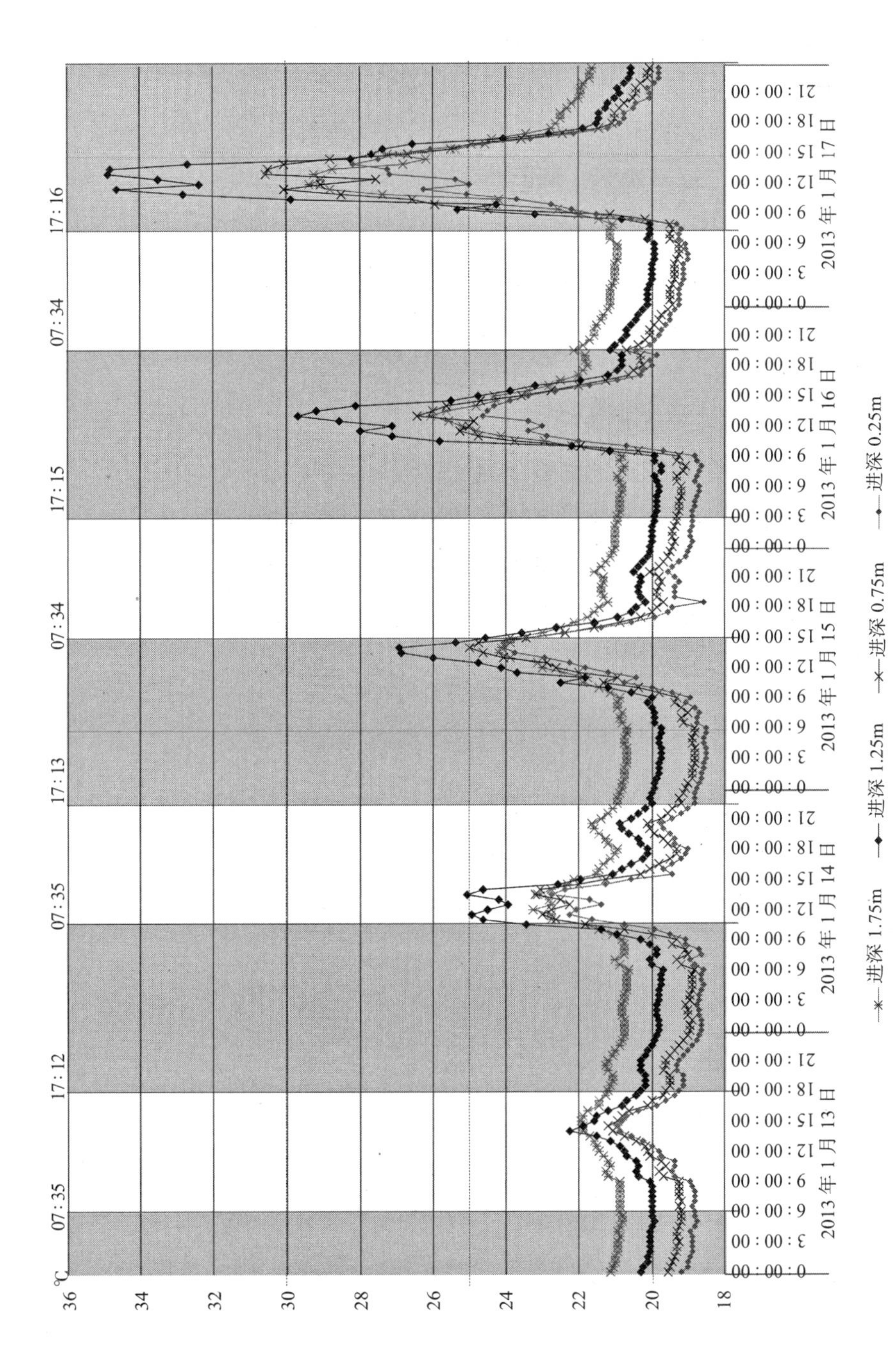

（b）1 月 13～17 日测点③距采光面 300cm、175cm、125cm、75cm 和 25cm 温度曲线

图 6-11　测点①、③距采光面不同距离温度曲线图（二）

来源：作者自绘

其余均可选择。

（8）垂直方向的测点温度分析

基本分析：测量时段内，与采光面距离一定高度变化时，各测点日最高温度最小的是距地面 0cm 的测点，日最高温度最大值测点随日照条件变化而变化。测量时段中，不同天气条件下，距地面 100cm 处的测点日较差最大，距地面 0cm 的测点日较差最小（表 6-12）。

温度变化分析：低温部分，距地面 0cm 和 50cm 测点的温度曲线低于距地面 100cm 和 150cm 的曲线。高温部分，不同天气条件下，距地面 100cm 和 150cm 的测点日间温度上升剧烈，地面上的测点温度上升最缓（图 6-12）。

种植适宜性分析：距地面越近的测点，温度越低。由于测点①各个高度测点低温部分高于农作物适宜温度范围，在选取种植区域时，夜间应选取距采光面近、温度低的区域放置农作物。不同天气条件下，高温部分表现差异大，晴天时，高温部分普遍高于适宜温度范围，选取距地面近测点位置，阴霾天气时，选取较高测点位置。

测点①不同高度测点温度（单位：℃）　　　　表 6–12

日期	项目	距地面 150cm	距地面 100cm	距地面 50cm	距地面 0cm
测量时段	最大值	33.81	34.13	32.94	29.38
	最小值	21.25	20.31	19.94	19.31
	平均温度	23.73	23.12	22.45	22.09
1 月 9 日	日最高温度	33.81	34.13	32.94	29.38
	日最低温度	21.25	20.31	19.94	19.31
	日平均温度	24.88	24.32	23.40	22.83
	日较差	12.56	13.81	13.00	10.06
1 月 10 日	日最高温度	25.25	24.94	23.94	23.38
	日最低温度	21.38	20.63	20.31	20.38
	日平均温度	22.59	21.92	21.50	21.36
	日较差	3.88	4.31	3.63	3.00

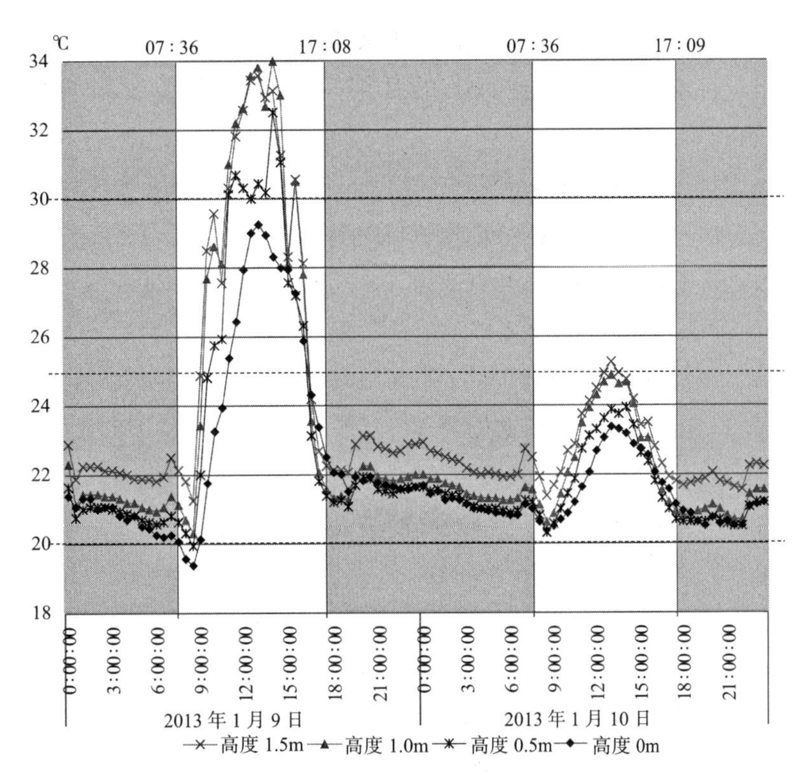

图 6–12　测点①不同高度测点温度曲线图

来源：作者自绘

6.2.3　结论

实验结果表明，首先，在建筑供暖时段且室外气温最低的时候，室内和阳台测点①~⑧中，部分基本测点的温度环境满足农作物需求，基本适宜农作物种植，包括测点②、③、⑤和⑦。影响测点导致其不符合农作物温度环境需求的现象有三类：

（1）测点所处环境的低温过低，低于农作物种植的耐受范围，包括测点④、⑥和⑧。

（2）测点所处环境的夜间温度过高，长期超过农作物夜间适宜温度范围，如测点①。

（3）测点所处环境温度，在晴天条件下，日间升温过快，超过农作物适宜温度范围，导致了过大的日较差，如测点①、④和⑥。

实际上，测点②、③、⑤和⑦的温度环境在测量时段中并非始终适宜农作物种植。测点②和⑤阴天时日间温度较低，测点③

和⑦夜间温度有时过高。然而，未来通过调节测量空间与居室之间的空气交换方式，这些测点的温度环境可以更为接近农作物的适宜范围，达到要求。

其次，在室内和阳台测点的温度环境比较中，满足农作物种植温度环境需求测点的共性为适当地引入居室供暖的热量，包括室内测点③和⑦，阳台测点②和⑤。其中，测点③和⑦虽室内空间，但实质上属于与居室连通的开敞阳台，均有两个朝向的采光面，没有主动供暖设施，与主要居室间有窗帘作为隔断。阳台测点②日常使用中，门长期处于开启状态，避免阳台夜间和阴霾时温度过低，太阳光辐射充足时温度过高的问题。总而言之，种植空间相对独立及与居室间有可隔断空气流通的调节措施，是达到种植适宜性的基本要素。

最后，温度在采光面进深方向和深垂直方向的变化研究表明，距采光面越近的测点，低温越低，不同进深测点的日最高温度差异较大，与测点的光照条件相关。距地面越近的测点，温度越低。在选取种植区域时，根据测点的温度特点，选取各个进深或高度方向上，满足农作物种植温度范围的区域。例如，在整体温度较高的测点①，夜间应选择距离采光面较近的位置，或选择地面上的位置放置农作物，以获取较低的、接近夜间适宜温度范围的环境条件。

6.3 春季测量实验

北京地区城市集合住宅的供暖结束于 3 月下旬，而根据前文中的建筑农业运行时段研究，北京地区建筑农业拟运行时段持续至 4 月 2 日。所以，春季测量实验主要目的为验证建筑没有供暖措施时，室内和阳台温度环境是否满足农作物种植需求。

6.3.1 测量实验设计

春季测量实验目的：

（1）确定春季（4 月 20 日之前）室内和阳台温度环境是否满足农作物温度需求。

（2）比较室内和阳台的温度环境差异，提出改善措施。

（3）判断 4 月 20 日后，室内和阳台温度环境是否有农作物种植可能性。

春季实验选择测点①和②，测量时段为 2013 年 4 月 2 日 ~ 5 月 1 日。日常使用时，测点①和②所处空间的窗户仅在正午和下午时段短暂通风。测点②所在阳台门日间开启宽度大于夜间。

6.3.2　测量结果分析

基本分析：室外的日最低温度 0.5℃（4 月 6 日）~ 13.3℃（9 日），始终低于 15℃，4 月 20 日前始终低于 10℃。室外的日最高温度 9.2℃（4 月 19 日）~ 28.6℃（29 日）。30 日中，仅有 10 个测量日的日最高温度高于 20℃。室内测点除 4 月 2 日的测点②（14.38℃）外，日最低温度均大于 15℃，除 4 月 4 日的测点②外，日最高温度均大于 20℃（表 6-13）。总体而言，4 月 20 日前，室外环境不满足农作物种植的温度需求，室内测点接近农作物种植基本需求。

4 月 2 日 ~ 5 月 1 日，室内外测点温度基本情况　　表 6-13

日期	室外					测点①				测点②			
	日照时数（h）	最高温度（℃）	最低温度（℃）	日均温度（℃）	日较差（℃）	最高温度（℃）	最低温度（℃）	日均温度（℃）	日较差（℃）	最高温度（℃）	最低温度（℃）	日均温度（℃）	日较差（℃）
4 月 2 日	10	17.9	3.9	10.9	14.0	23.63	17.06	19.23	6.56	24.69	14.38	18.45	10.31
3 日	9.2	18.9	4.9	11.6	14.0	24.38	17.63	19.74	6.75	24.38	16.00	19.16	8.38
4 日	0	12.5	5.7	8.3	6.8	20.75	18.00	18.70	2.75	19.75	15.25	17.18	4.50
5 日	6.8	14.5	6.5	9.3	8.0	22.69	16.81	18.86	5.88	22.31	15.25	17.27	7.06
6 日	10.9	14.5	0.5	8.6	14.0	23.31	17.00	19.07	6.31	23.19	14.56	18.23	8.63
7 日	9	16.5	2.4	9.3	14.1	23.56	17.75	19.96	5.81	23.25	15.63	18.76	7.63
8 日	9.5	13.4	7.1	9.9	6.3	23.94	18.75	20.45	5.19	23.06	16.19	18.89	6.88
9 日	10.3	12.0	6.0	8.9	6.0	23.81	18.31	20.46	5.50	22.94	15.38	18.90	7.56
10 日	9.1	13.2	4.9	9.2	8.3	23.88	18.75	20.88	5.13	22.94	15.25	18.69	7.69
11 日	11.6	17.1	3.7	11.2	13.4	25.13	18.81	21.14	6.31	25.56	15.56	19.96	10.00
12 日	11	23.6	7.3	15.8	16.3	25.19	19.25	21.52	5.94	24.75	16.75	20.73	8.00
13 日	6.6	26.7	10.0	18.3	16.7	25.38	19.94	21.68	5.44	27.19	18.81	21.42	8.38
14 日	10.7	16.6	6.7	12.5	9.9	25.06	19.94	21.52	5.13	24.94	18.75	21.23	6.19
15 日	9.9	18.3	7.3	12.3	11.0	24.94	19.56	21.59	5.38	25.06	18.44	21.05	6.63

续表

日期	室外					测点①				测点②			
	日照时数（h）	最高温度（℃）	最低温度（℃）	日均温度（℃）	日较差（℃）	最高温度（℃）	最低温度（℃）	日均温度（℃）	日较差（℃）	最高温度（℃）	最低温度（℃）	日均温度（℃）	日较差（℃）
16 日	10.8	21.9	7.5	13.6	14.4	25.50	19.88	21.93	5.63	24.88	18.06	21.20	6.81
17 日	9.2	16.7	8.1	11.2	8.6	25.63	20.19	21.91	5.44	25.06	18.19	21.17	6.88
18 日	11.4	14.1	7.0	10.8	7.1	24.38	19.94	21.42	4.44	25.63	17.69	20.89	7.94
19 日	0	9.2	3.6	5.7	5.6	22.81	19.00	20.29	3.81	20.75	15.69	18.04	5.06
20 日	10	14.7	2.9	8.6	11.8	24.19	18.81	20.52	5.38	22.56	15.06	18.46	7.50
21 日	7.2	17.6	4.2	11.4	13.4	24.31	18.88	20.90	5.44	23.25	16.13	19.23	7.13
22 日	0	15.5	8.1	12.0	7.4	22.25	19.00	20.56	3.25	21.44	16.50	18.78	4.94
23 日	0	16.1	8.8	11.6	7.3	21.94	19.19	20.04	2.75	21.00	16.25	18.27	4.75
24 日	9.4	25.0	6.1	15.7	18.9	24.06	18.94	21.10	5.13	23.44	16.69	19.95	6.75
25 日	11.5	22.6	10.4	17.2	12.2	24.25	19.88	21.36	4.38	25.31	17.31	20.45	8.00
26 日	9.3	24.4	7.7	16.9	16.7	24.63	20.00	21.73	4.63	24.56	19.19	21.60	5.38
27 日	9.7	23.6	12.9	18.3	10.7	25.00	20.44	22.12	4.56	25.19	19.94	22.33	5.25
28 日	6.4	19.1	12.0	15.8	7.1	24.50	20.75	21.96	3.75	24.63	20.56	22.00	4.06
29 日	11.8	28.6	10.5	21.6	18.1	25.00	20.88	22.66	4.13	25.69	20.38	23.03	5.31
30 日	11.7	27.4	13.3	20.9	14.1	26.50	21.81	23.49	4.69	27.06	21.63	24.18	5.44
5 月 1 日	11.5	23.3	10.1	17.5	13.2	26.25	22.25	23.60	4.00	25.31	20.94	23.14	4.38

基本测点的比较中，测点①和②的日最高温度在19.75～27.19℃之间。其中，测点①的日最高温度 20.75℃（4 月 4 日）～26.50℃（30 日），测点②的日最高温度 19.75℃（4 月 4 日）～27.19℃（13 日）。测点①的日最低温度最小值为 16.81℃（5 日），测点②的日最低温度最小值为 14.38℃（2 日）。测点①的日最低温度始终大于测点②。4 月 2～26 日间，测点①的日平均温度高于测点②，4 月 27 日～5 月 1 日间，测点①的日平均温度低于测点②（表 6-13）。

温度变化分析：测点①-a 和②-a 的温度曲线较室外平缓，夜间温度下降慢。4 月 24 日前，室外温度曲线整体低于室内测点。24 日后，室外温度上升，室内测点的温度曲线交叉增多（图 6-13）。

测点①、②温度曲线不同，日出后、日落前，两个测点的高温曲线上升的速率接近，起始时间接近。日落后、日出前，测点①低温曲线较测点②更平稳，温度下降趋势不明显。4 月 2～24

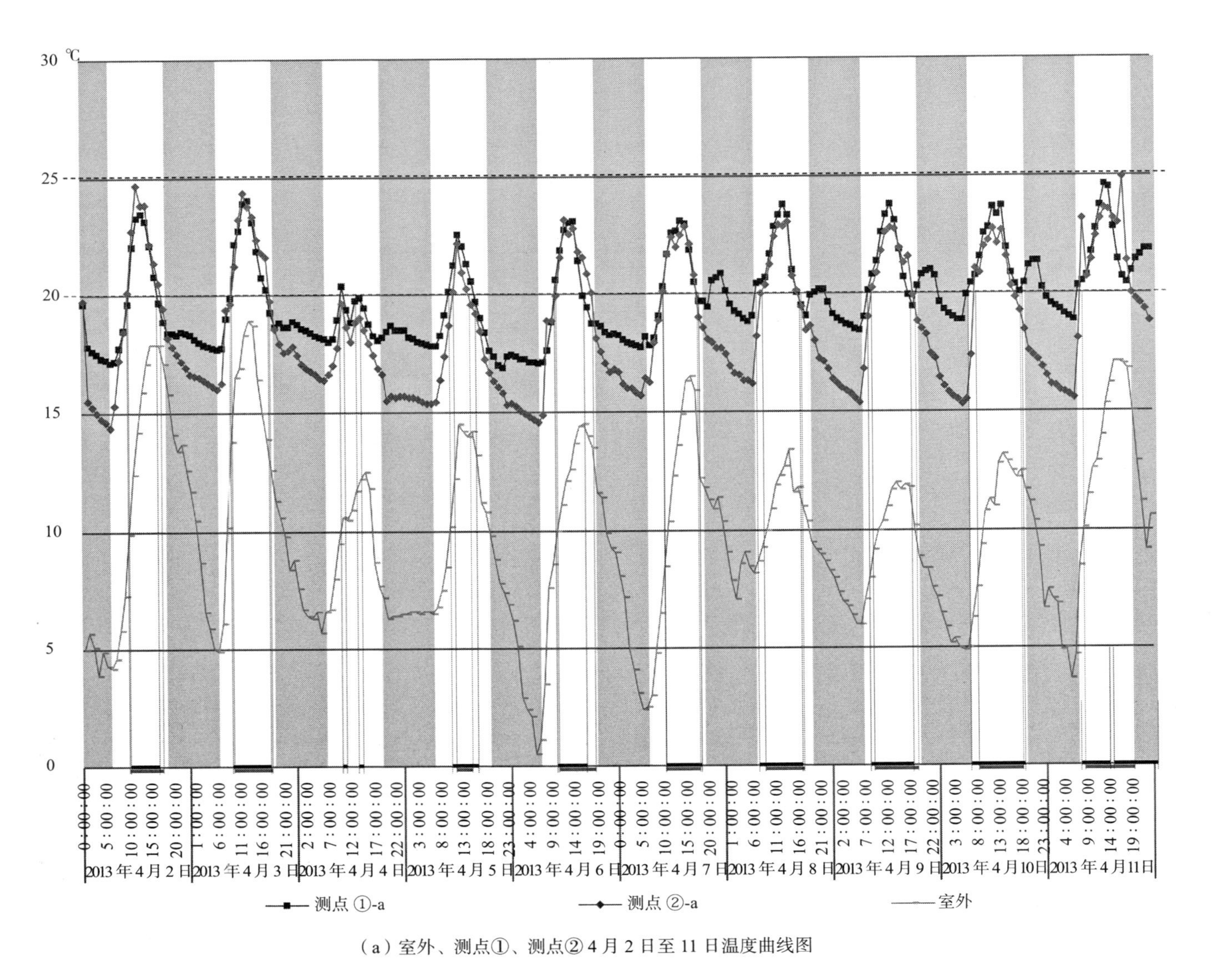

（a）室外、测点①、测点②4月2日至11日温度曲线图

图6-13　室外、测点①和②温度曲线及其在温度区间分布（一）

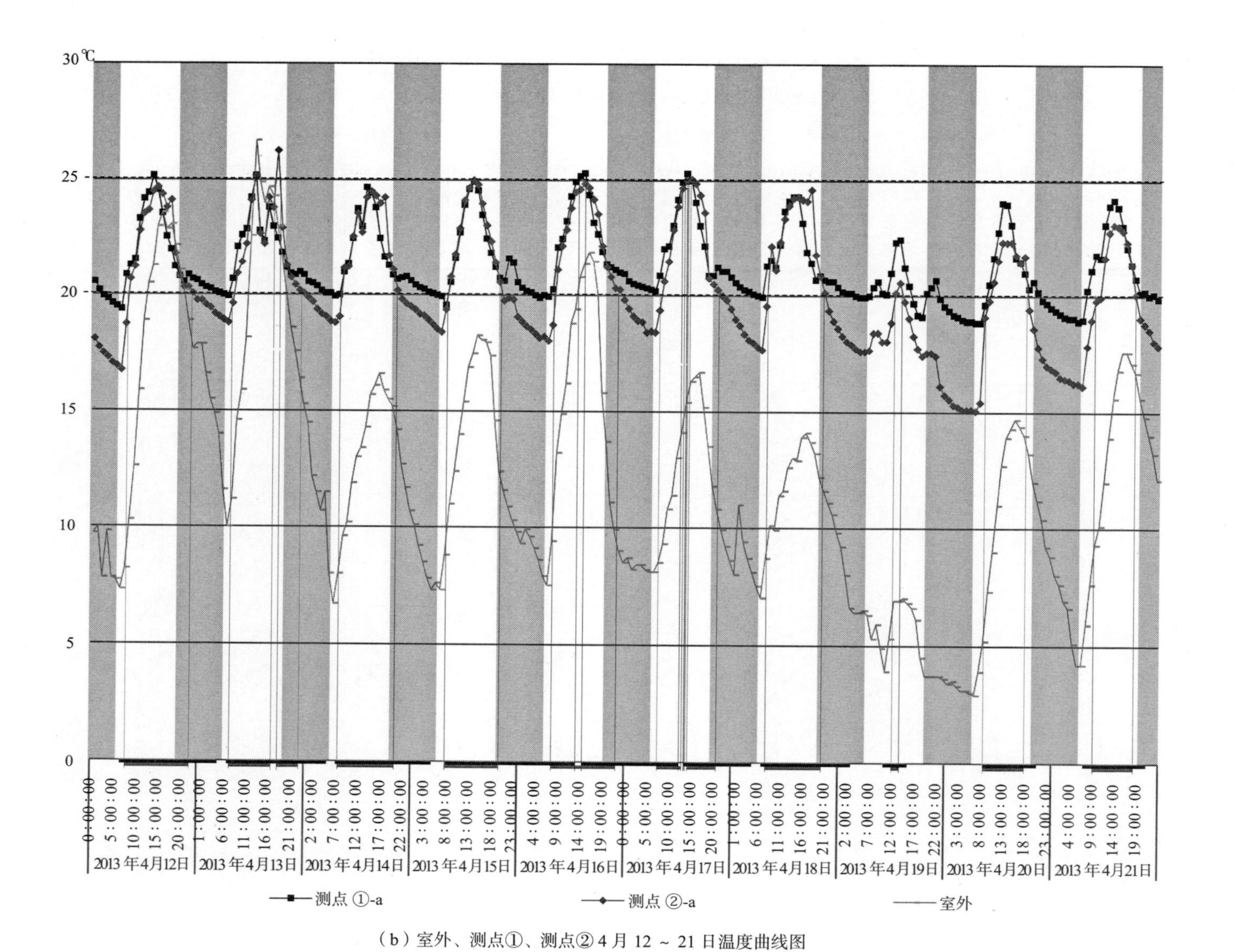

（b）室外、测点①、测点②4月12～21日温度曲线图

图6-13　室外、测点①和②温度曲线及其在温度区间分布（二）

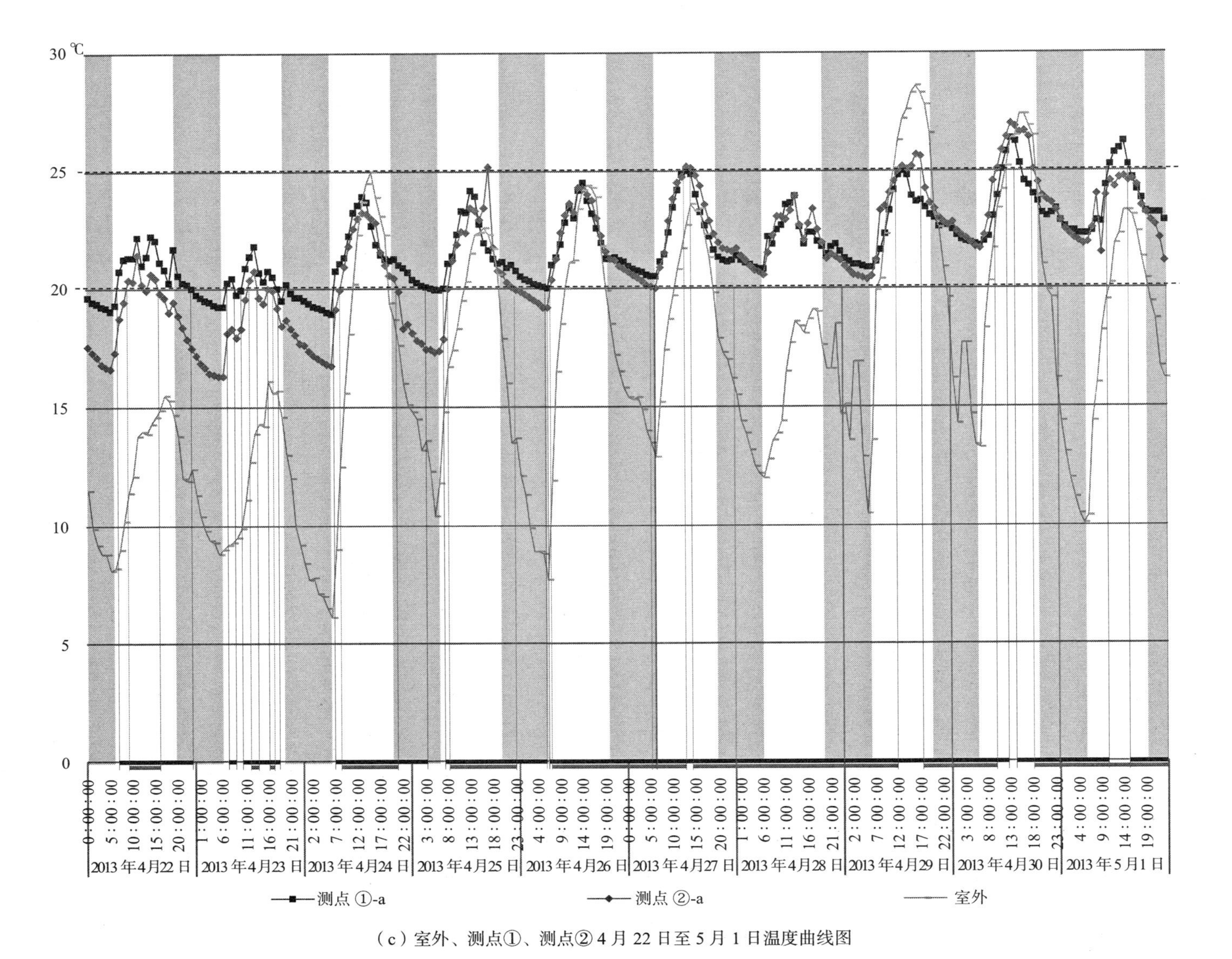

（c）室外、测点①、测点② 4月22日至5月1日温度曲线图

图6-13　室外、测点①和②温度曲线与温度区间分布（三）

日之间，测点①的低温部分高于测点②，4 月 25 日～28 日之间，二者的低温部分逐步接近，4 月 29 日至测量结束，测点②的低温部分高于测点①（图 6-12）。日照充足的测量日中，测点②温度下降时间滞后，但速率快，持续时间长，下降过程中与测点①的曲线形成交点。

春季，测点温度受到空间积聚热量能力、与室内空气流通情况、围合面保温效果和室内外通风换气习惯（居民使用）等影响。测点①为室内测点，南侧采光，测点②为东、南、西三侧采光的阳台测点。阳台有窗开启，与室外交换热量。因此，随着室外温度下降，测点②夜间温度持续下降，温度较低。室外环境温度升高时（4 月 25 日，室外日最低温度 10.4℃），测点②的低温曲线部分整体提升，与测点①的低温部分差异变小。

日出后、日落前，测点温度受积聚热量情况影响，测点①对应朝南落地窗，测点②有东、南、西三个采光面。测点①的凸窗遮挡阳台东侧采光，使两测点正午前采光条件相差不大；正午后、接近日落时，测点②西侧获得直射光，测点①受测点②阳台遮挡，采光差，这时两个测点采光条件有明显差距，所以测点①温度下降更快，下降起始更早（图 6-14）。

种植适宜性分析：建筑农业中农作物日间适宜温度范围为 20～30℃，夜间适宜温度为 15～20℃。测量时段长 30 日，计 720h。其中，日间时长 399h，夜间时长 321h。测量时段中，测点①累计满足农作物日间温度需求 20～30℃的时间为 329.83h，测点②累计满足农作物日间温度需求 20～30℃的时间为 279.50h。室内测量中，除测点②短暂低于 15℃外，余下各测

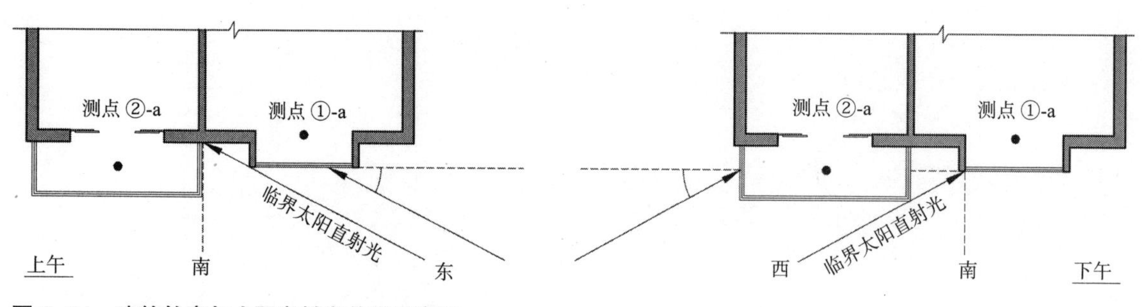

图 6–14 建筑轮廓与太阳直射光关系示意图
来源：作者自绘

点的日最低温度均处于15℃及以上，满足农作物温度需求。测点①夜间累计低于20℃的时长142.33h，而测点②夜间累计低于20℃的时长为242.67h（表6-14）。

4月2日~5月1日，测点①、②满足农作物温度需求的时段（单位：h） 表6-14

测点与时间 \ 温度范围		日间20~25℃	日间20~30℃	夜间≤20℃
测点①	4月2日~4月11日	77.94	78.28	90.17
	4月12日~4月21日	118.34	121.39	29.83
	4月22日~5月1日	120.5	130.16	22.32
	4月2日~5月1日	316.78	329.83	142.32
测点②	4月2日~4月11日	71.32	71.32	111.17
	4月12日~4月21日	95.68	97.58	89.83
	4月22日~5月1日	96	110.49	41.67
	4月2日~5月1日	263	279.5	242.67

种植适宜性分析：在4月20日前，测点①、②日间达到20℃的时间长度接近，考量二者温度环境的农业种植适宜性取决于夜间温度。4月2~7日，测点②短时低于15℃，但大于10℃，而8~20日，测点①温度逐步升高，高于20℃，不满足农业种植需求，总体而言，测点②夜间温度更低，昼夜温度差大，即日较差大，更接近农作物种植需求。4月25日后，两侧点夜间温度上升，不再满足农业种植的需求。

6.3.3 结论

实验结果表明，首先，在春季测量时段（4月2~20日），室内和阳台测点温度环境基本满足农业种植需求。室外温度环境过低、不适宜农作物种植时段，室内和阳台日间温度基本满足要求，而阳台测点夜间温度短时低于15℃，但大于10℃，基本满足农作物种植的温度需求。室内测点因为缺少与室外空气交换，造成夜间温度过高，不适宜农业种植。

其次，测点温度受到空间积聚热量、与室内空气流通情况、围合面保温效果和室内外通风换气习惯等影响。前两项因素为测点空间春季获取热量的来源，后两项为空间内热量流失的方式。研究表明：

（1）阳台测点②，与居室有隔断，与室外通风换气，空间独立，因此，较室内的夜间温度降低快。此外，阳台测点的采光朝向多（东、南、西），采光面积大，吸收太阳辐射效果佳，因此，较室内测点日间温度上升快。

（2）不同天气条件时，阳台测点和室内测点的表现差异：晴天时，测点②温室效应作用充分，在室外环境温度低的前提下，日间温度上升效果显著，但日间温度不一定能够达到农作物的日间需求。阴霾天气时，测点②的温度条件距离满足要求更远，与之相对，测点①日间温度虽然上升慢，但由于整体温度稳定，更接近农作物需求。

（3）理想种植空间应相对独立，能控制与居室空间空气流通、热量交换效果，在满足人生活稳定温度需求的前提下，与室外交换热量，调节温度。日照充足晴天的日间，可开启与居室间隔断，加强室内外热交换，或开窗与室外交换热量，控制阳台温度不要过高。阴天或多云天气时的日间，关闭与居室间的隔断，关闭窗，减少与室外空气流通，积聚的热量，提高日间温度，满足农作物的温度需求。

最后，通过数据分析，明确4月20日~5月1日，室内和阳台温度环境具有农作物种植可能性。虽然，数据表明，4月25日~5月1日，测点①、②的日最低温度逐步大于20℃，温度过高。当前的使用方式下，不适宜农业种植，但通过日常使用方式的调整，仍能满足农作物的温度需求。

6.4　夏季测量实验

夏季测量实验选择一年中最热的时段，实验主要了解该时段室内和封闭阳台空间的温度环境条件是否满足农业种植的温度需求。

6.4.1　测量实验设计

夏季测量实验旨在验证夏季最热时段内，建筑在正常使用的前提下，其室内和阳台空间温度环境是否满足农作物需求。

测点包括①、②、③和④，其中①和③为室内测点，②和④为封闭阳台测点。除测点①外,其余测点都有至少两个采光面(包括南侧)。测量时间为 2013 年 7 月 22 日 ~ 8 月 1 日。测量时段内包括阴天、多云和晴天多种天气条件。

6.4.2　测量结果分析

基本分析：测量时段内，室外测点、室内和阳台测点的日最低温度都超过了 20℃，即 10 个测量日中，各测点的夜间温度均不满足农作物要求。此外，室内外测点的日最高温度都大于 30℃，室外测点、测点②和④甚至达到 35℃（表 6-15）。

测点①-a ~④-a 的日最高、最低温度、平均温度及日较差（单位：℃）　表 6-15

测量时间＼测点	项目	室外	测点①	测点②	测点③	测点④
测量时间段	温度最大值	38.1	34.06	35.19	34.44	35.75
	温度最小值	21.3	25.75	22.69	23.00	26.56
7 月 22 日（日照时数 0h）	日最高温度	29.8	31.00	30.50	30.25	31.31
	日最低温度	22.2	27.44	25.19	25.75	27.38
	日平均温度	26.6	29.31	28.16	28.24	29.08
	日较差	3.2	3.56	5.31	4.50	3.94
7 月 23 日（日照时数 11.3h）	日最高温度	30.1	30.56	31.19	29.50	31.75
	日最低温度	21.7	25.75	22.69	23.00	26.69
	日平均温度	26.4	28.55	27.15	26.93	28.90
	日较差	3.7	4.81	8.50	6.50	5.06
7 月 24 日（日照时数 11.8h）	日最高温度	38.1	33.56	33.44	32.25	32.63
	日最低温度	21.4	26.69	24.38	26.00	26.88
	日平均温度	30.6	30.07	29.53	29.35	29.63
	日较差	7.5	6.87	9.06	6.25	5.75
7 月 25 日（日照时数 10.2h）	日最高温度	34.4	34.06	34.75	34.44	34.31
	日最低温度	24.7	28.19	28.69	27.94	28.56
	日平均温度	29.8	30.90	31.43	30.69	30.81
	日较差	4.6	5.87	6.06	6.50	5.75

续表

测量时间＼测点	项目	室外	测点①	测点②	测点③	测点④
7 月 26 日（日照时数 0h）	日最高温度	27.0	30.25	30.31	29.25	29.56
	日最低温度	24.5	28.25	27.69	28.00	28.00
	日平均温度	25.9	29.36	28.78	28.69	28.58
	日较差	1.1	2.00	2.62	1.25	1.56
7 月 27 日（日照时数 0h）	日最高温度	28.1	30.13	29.38	29.63	28.88
	日最低温度	25.0	28.25	26.31	27.25	27.56
	日平均温度	26.3	28.95	27.91	28.41	28.11
	日较差	1.8	1.88	3.07	2.38	1.31
7 月 28 日（日照时数 10.8h）	日最高温度	35.5	33.44	34.25	34.19	32.94
	日最低温度	23.4	27.63	25.25	27.38	26.88
	日平均温度	29.9	30.35	30.15	30.58	29.70
	日较差	5.6	5.81	9.00	6.81	6.06
7 月 29 日（日照时数 0.3h）	日最高温度	29.6	30.56	30.75	30.25	30.19
	日最低温度	25.9	29.13	27.44	28.06	28.31
	日平均温度	27.9	29.85	29.16	29.30	29.19
	日较差	1.7	1.43	3.31	2.19	1.88
7 月 30 日（日照时数 9.8h）	日最高温度	33.9	33.31	33.56	33.06	33.00
	日最低温度	23.3	27.31	25.63	27.44	27.31
	日平均温度	28.1	30.34	29.56	29.97	29.95
	日较差	5.8	6.00	7.93	5.62	5.69
7 月 31 日（日照时数 8.3h）	日最高温度	32.2	33.63	33.19	33.38	32.94
	日最低温度	21.3	26.88	23.44	24.75	26.56
	日平均温度	26.2	29.73	28.14	28.89	29.17
	日较差	6.0	6.75	9.75	8.63	6.38

温度曲线及种植适宜性分析：室外测点的低温部分低于室内和阳台测点，停留在 25℃以下时间最长。高温部分，虽然室外测点温度上升速率更快，但除 7 月 24 日、28 日外，测点日最高温度都低于 35℃，除 7 月 24 日、28 日和 30 日外，日最高温度与室内测点相当。所以，室外、室内和阳台均不适宜农作物种植，但室外的夜间温度条件更优（图 6-14、表 6-16）。

测点①~④满足农作物日夜需求的时间表（单位：h）　表 6-16

测点 \ 温度范围	日间累计小时数		夜间累计小时数	
	20 ~ 30℃	30℃及以上	20 ~ 30℃	30℃及以上
测点①	70.67	75.00	79.5	14.83
测点②	86.33	59.33	82.5	11.83
测点③	89.5	56.17	84.17	10.17
测点④	75	70.67	90.33	4

改进分析及策略：夏季，测点温度受到空间积聚热量能力、与室内空气流通情况、围合面保温效果和室内外通风换气习惯（居民使用）等影响。夏季测量实验中，基本测点的夜间温度高于室外测点。为保障温度环境达到农作物种植的需求，室内和阳台需要与室外充分通风，或借助室内空调降温的冷空气。基本测点中，除 7 月 25 日，测点②的日最低温度最低，日较差大于其他测点。温度曲线图中，测点②的温度变化最为剧烈，低温部分最低，较长时间地低于 30℃。测点②位于阳台，使用中，阳台窗与室外通风时间长，验证了这一推断（图 6-15）。基本测点日间温度低于或与室外测点持平，如果要降低温度，需要借用室内空调降温的冷空气。

为使种植空间获得居室空调降温的冷空气，需考虑种植空间与居室的对应关系。在居住建筑中，如果要降低夏季的夜间温度，按照日常使用习惯，空调仅在需要时开启。而居民夜间在卧室休息，所以种植空间应与卧室相连。

6.4.3　结论

夏季测量实验中，居住建筑在日常使用情况下，建筑室内和阳台的温度环境不能满足农作物需求。阴天或多云的天气条件下，温度环境条件甚至不及室外，总体不适宜进行建筑农业种植。

6.5　室内和阳台温度环境的种植适宜性分析

根据前文阐述，北京地区建筑农业的适宜运行时段为冬季和春季（至 4 月 20 日），实验中部分测点的温度环境满足农作物种

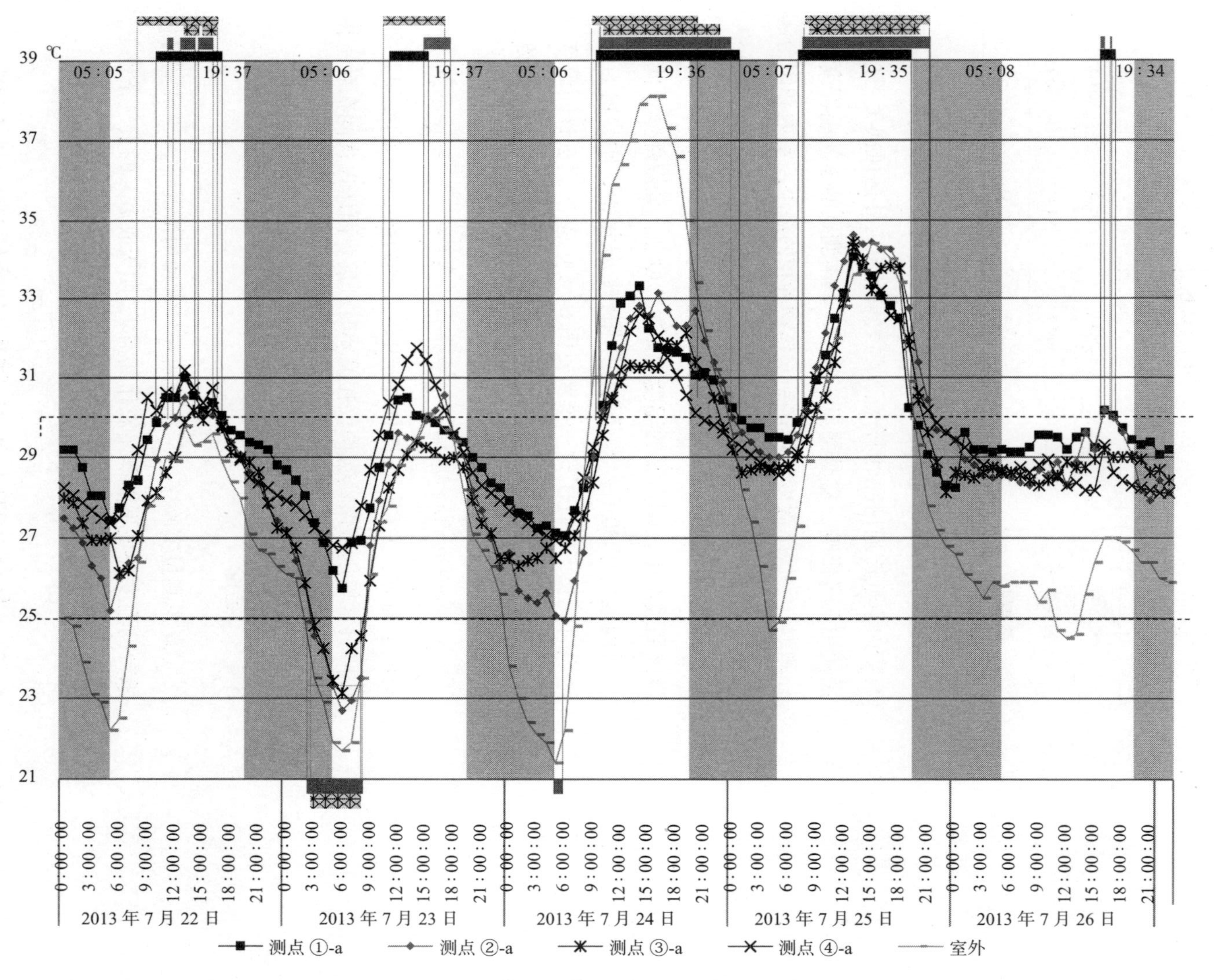

图 6-15　室外、测点①-a ~④-a 的温度曲线和温度区间分布（一）

来源：作者自绘

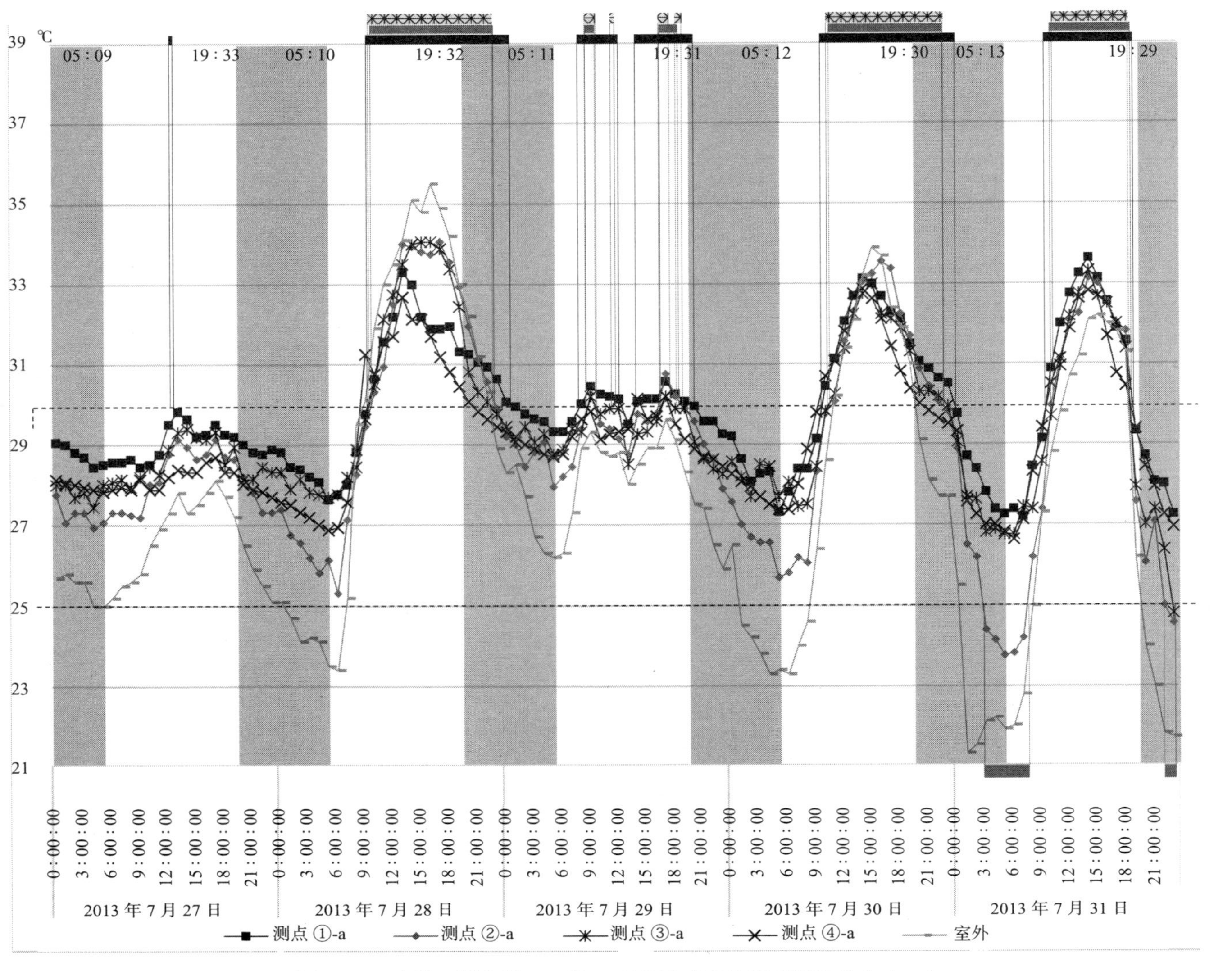

图6-15　室外、测点①-a～④-a的温度曲线和温度区间分布（二）

来源：作者自绘

植需求，且通过对空间围合面的改造和居民日常使用的调整，测点均可达到农作物种植需求。与此同时，研究提出室内和阳台空间温度环境的影响因素，并提出改良措施。

6.5.1 种植空间温度环境的适宜性

农作物的适宜温度范围一般为 10 ~ 30℃，在本书中，以日间 20 ~ 30℃、夜间 10 ~ 20℃作为标准。在进行适宜性比较时，以 20 ~ 25℃为日间最优温度选择，以 15 ~ 20℃为夜间最优温度选择。

实验结果表明，在冬季建筑供暖时段且室外气温最低的时候，室内和阳台测点①~⑧中，部分基本测点的温度环境满足农作物需求，基本适宜农作物种植，包括测点②、③、⑤和⑦。

影响测点不符合农作物温度环境需求的原因包括：

（1）种植空间密封不足，热量流失过多，如测点④、⑥和⑧。

（2）测点与居室空气连通，夜间温度过高，如测点①。

（3）测点与居室和室外空气热交换有限，晴天，日间升温过快，超过农作物适宜温度范围，如测点①、④和⑥。

此外，在春季时节（4 月 20 日之前），室内和阳台测点温度环境基本满足农业种植需求。在夏季，测点无法满足农作物种植的温度需求。

6.5.2 种植空间温度环境的季节性变化

影响温度环境种植适宜性的因素有很多，具体包括：空间积聚热量的能力、室内供暖或降温条件、种植空间与室内空气流通情况（居民使用）、空间围合面保温效果和室内外通风换气习惯（居民使用）等。

在不同季节，具体因素的指代不同：

（1）不同季节室内供暖或降温条件因素不同。冬季居室内供暖为种植空间提供热量，保障夜间温度；春季，居室内缺乏连续供暖措施；夏季，居室内开启风扇或空调，但是，措施不具有持久性。

（2）不同季节，种植空间与室内、室外通风换气的目的不同。冬季，种植空间与室内交换空气的目的在于获得热量；春季，种植空间与室外交换空气的目的在于降低温度，而晴天时，与室内通风换气的目的在于降低温度，将种植空间基于温室效应获得的热量输送至室内。

6.5.3　种植空间温度环境的改良措施

根据实验分析，一个满足农作物温度环境需求的、具有季节适应性的种植空间，应具有以下特征：

（1）种植空间相对独立：种植空间与建筑居室之间有隔断，能与居室空气流通，也能独立于居室之外，种植空间与室外可以通风换气，也可以独成一体。

（2）种植空间可以获得充分的太阳光照：太阳光辐射是种植空间热量的主要来源，充分的太阳光照在冬季和春季不供暖时段是必要的。

（3）种植空间紧邻临时性供暖或降温设备开启的居室：室外不适宜种植时段，种植空间需从居室获取支持和帮助。夏季或春季，空调等设施仅在有人使用时开启，种植空间应紧邻该空间。以住宅为例，按使用习惯，日间往往无人，不开启空调调节设备，所以，种植空间夏季宜紧邻卧室，以获得夜间空调开启的冷空气，降低夜间温度。

（4）日常使用兼顾种植空间的温度需求：日常使用中，为保证居室温度稳定，以阳台为例的种植空间，或被隔离在居室之外。为了提高种植空间的温度适应性，可以调整种植空间与室外、居室的通风降温习惯。

6.6　本章小结

根据气候性分析，北京地区建筑农业的适宜运行时段为冬季和春季（至 4 月 20 日）。在冬季建筑供暖时段且室外气温最低时，实验结果表明，测点②、③、⑤和⑦满足农作物温度环境需求；春季（4 月 20 日前），室内和阳台测点温度环境基本满足农业种植需求。夏季，测点不满足农作物种植温度需求。

在温度测量实验数据分析的基础上，总结出影响温度环境种植适宜性的因素包括，空间积聚热量能力、室内供暖或降温条件、种植空间与室内空气流通情况、空间围合面保温效果和室内外通风换气习惯。同时，满足农作物温度环境需求的、具有季节适宜性的种植空间特征，作为农业种植适宜性提升策略：

（1）种植空间相对独立；

（2）种植空间可以获得充分的太阳光照；

（3）种植空间紧邻临时性供暖或降温设备开启的居室；

（4）日常使用兼顾种植空间的温度需求。

第七章 结论与展望

7.1 既有北京地区住宅建筑种植空间形态改良

通过对北京地区住宅建筑拟种植空间的光照和温度环境测量实验，基于光环境和温度环境的改良措施，本书提出基于现有居住条件的、可能的种植空间形态。

（1）种植空间的光环境改良要求包括：第一，种植区域应尽可能包括采光面下沿，以获得一日中连续的太阳直射光。第二，为增加种植空间早春和深秋的直射自然光照，在保证南侧采光的基础上，应增加东侧或西侧采光。第三，采光面应避免采用截面尺度过大的横纵构件，选择卷式纱窗，不使用时收起，减少纱帘对室内直射光的长期影响。

（2）种植空间温度环境的改良要求：围合面具有良好的保温隔热性能，种植空间相对独立于主要居室，二者之间有窗帘或门等隔断设施。

在功能使用方面，种植空间与阳台的格局、空间特点类似，需考量阳台具有功能的安置。随着生活水平提高，居住建筑中的阳台功能和被赋予的含义逐步丰富。除常见的、用于储存和晾晒等功能的服务阳台，还有休闲、休憩的生活阳台。前者的储存功能要求阳台避光低温，这类阳台的最佳位置为北侧；而后者则优先布置在居住建筑南侧。所以，位于居住建筑南侧的种植空间除了考虑农业种植需求外，还需综合考虑这一空间用于家庭休闲娱乐功能时的需求。

在种植技术利用方面，居住建筑上的种植空间可以采取土壤种植技术，也可选择营养液种植技术。但考虑到物质循环和空间综合利用原则，土壤种植仍是首选。一方面，土壤种植可与有机肥搭配使用，而有机肥经由城市有机废弃物发酵处理而成，使用有机肥意味着促进城市物质循环。另一方面，北京地区的气候条件，居住建筑正常使用条件下的拟种植空间不适宜夏季生产，考虑到这一空间休闲娱乐功能的空间完整性要求，农园应选择低于楼板的、易于遮盖的栽培容器。因此，采取“整体覆土”的方式进行种植的农园，且在种植区内划分出“步道区”用于室内外操作。种植功能停用时，步道搭接地板。室内

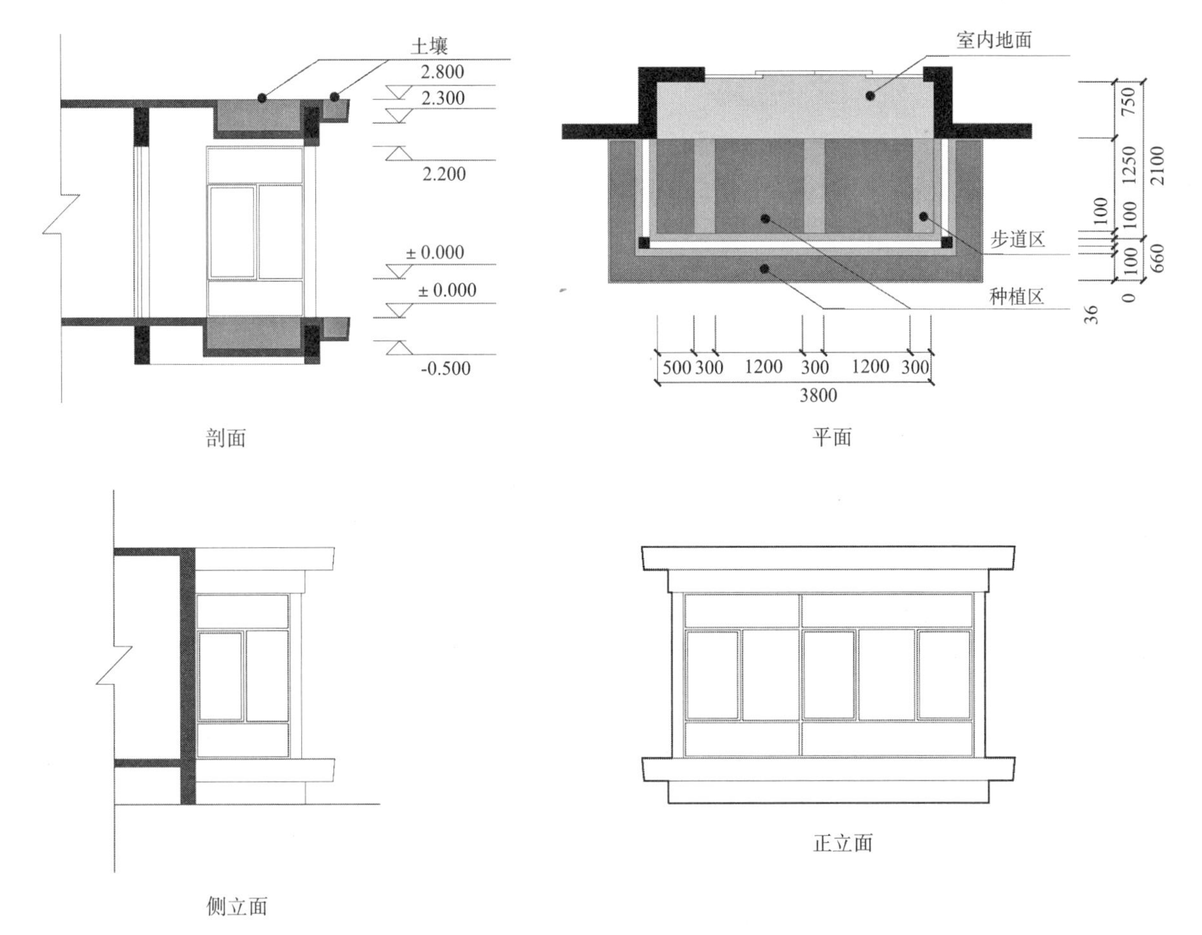

图 7–1　阳台农园形式
来源：作者自绘

种植区深度为 40cm，单侧“步道”的种植区宽度为 60cm，双侧“步道”的种植区宽度为 120cm，适宜操作（图 7-1）。当然，这一种植空间并不是满足农作物光照和温度环境要求的唯一建筑形式。如果采用栽培箱种植,可以将发酵箱安装在栽培箱下方，功能安排更为复合（图 7-2）。

种植空间光照环境：光照测量实验结果表明，为获得充分的、连续的太阳直射光，种植区域应该与采光面下沿持平。基于这一原则，采光面下沿直接落在楼板上。而室内直射光覆盖区域由太阳高度角和采光面高度共同决定，所以采光面上沿接近梁下端。此外，考虑到夏季太阳直射角高，室内光照覆盖范围小，农园在室外构建一圈宽度为 30cm，深度为 25cm 的种植槽，用于春夏

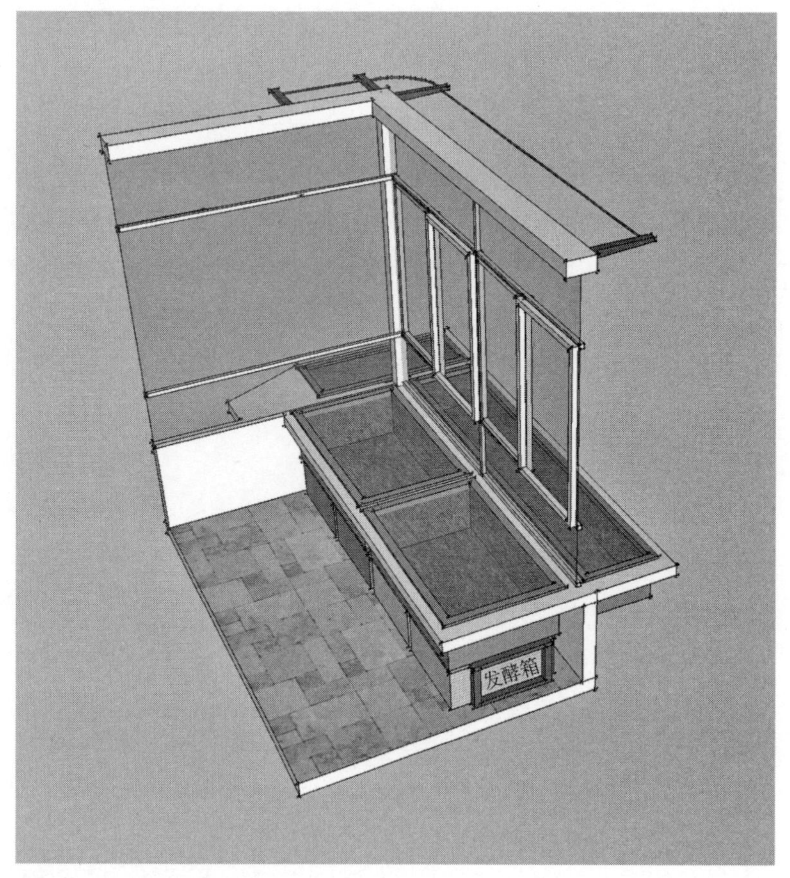

图 7–2　室外阳台农园形式
来源：作者自绘

季节的室外种植。种植槽种植除农业生产外，还有对下一层拟种植空间有遮阳降温的意义（图 7-1）。

种植空间光照环境的四季变化：北京地区建筑农业主要运行时段为 10 月 20 日至次年 4 月 20 日，期间包含冬至日。2 月 20 日和 10 月 20 日距冬至日时间相近，它们的正午太阳高度角也接近，所以计算中，为简化数据，将距离冬至日时间对称的两日，例如 2 月 20 日和 10 月 20 日，1 月 20 日和 11 月 20 日的正午太阳高度角视为相同，取接近值。其中，10 月 20 日至次年 2 月 20 日期间太阳高度角最小，而种植区域内自然光照覆盖区域最大，是农园种植核心期。此时，整个种植区域的光照环境优良，可以进行各类种植，适宜农作物主要包括葱蒜、绿叶菜类和白菜类等（图 7-3）。

2 月 20 日 ~ 4 月 20 日，随着太阳高高度角升高，种植区域的直射太阳光覆盖面积逐步减小。这一过程中，可以在光照条件差区域种植喜阴作物，也可以在这些位置铺设“地板”，与阳台原本靠近推拉门的地面相连，形成整体的休闲区域。随着室外温度不断升高，农园温度上升，环境宜人，这一区域适合作为全家的休闲场所。这一阶段适宜种植的农作物包括西红柿、黄瓜、葱蒜、绿叶菜类和白菜类等（图 7-3）。

4 月 20 日 ~ 10 月 20 日期间，一方面，室外温度环境适宜农业种植，另一方面，随着太阳高度角上升，农园内直射太阳光覆盖面积进一步减少，而基于温室效应的原理，农园内温度升高，缺乏遮光措施时，温度高于室外环境，不仅不利于种植农作物。此时，利用室外种植槽，种植耐热的藤类植物，遮挡太阳光、降低阳台内温度，创造宜人的休闲环境，将阳台打造为休闲空间。这一阶段适宜种植的农作物主要包括苦瓜、丝瓜等（室外）（图 7-3）。

实际上，如果单纯考虑农园室内的自然光照环境，采光面高度为 220cm 的这个农园，在 10 月 20 日至次年 2 月 20 日时，适宜种植区域的进深可达 185cm。①

种植空间采光设计的实际操作：居住建筑设计中，基于土地效率的考量，阳台往往南侧和东侧（或西侧）采光、另一侧与隔壁居住单元共用墙体。此时，靠近墙体一侧的种植区域在日出后正午前（东墙）或正午后日落前（西墙）被阴影遮挡，采光条件差。这一时段，适当减少种植区面积，采用栽培箱种植，或将其作为休闲空间。

种植空间的实际使用：服务阳台位于居住单元北侧，避光低温，适宜储存和晾晒。种植空间位于居住单元的南侧，综合用于农业生产和生活阳台。实际使用中，农园北侧也可以设置晾晒等功能。

① 1 月 20 日正午太阳高度角为 29° 50′，2 月 20 日正午太阳高度角为 38° 44′，3 月 20 日正午太阳高度角为 49° 68′，4 月 20 日正午太阳高度角为 61° 51′，10 月 20 日正午太阳高度角为 39° 68′，11 月 20 日正午太阳高度角为 30° 44′（2012 年）。12 月 20 日正午太阳高度角取 23° 26′。在计算和绘图过程中，取距 12 月 20 日时间对称日的正午太阳高度角近似值，例如 2 月 20 日（10 月 20 日）的正午太阳高度角选取 40°。

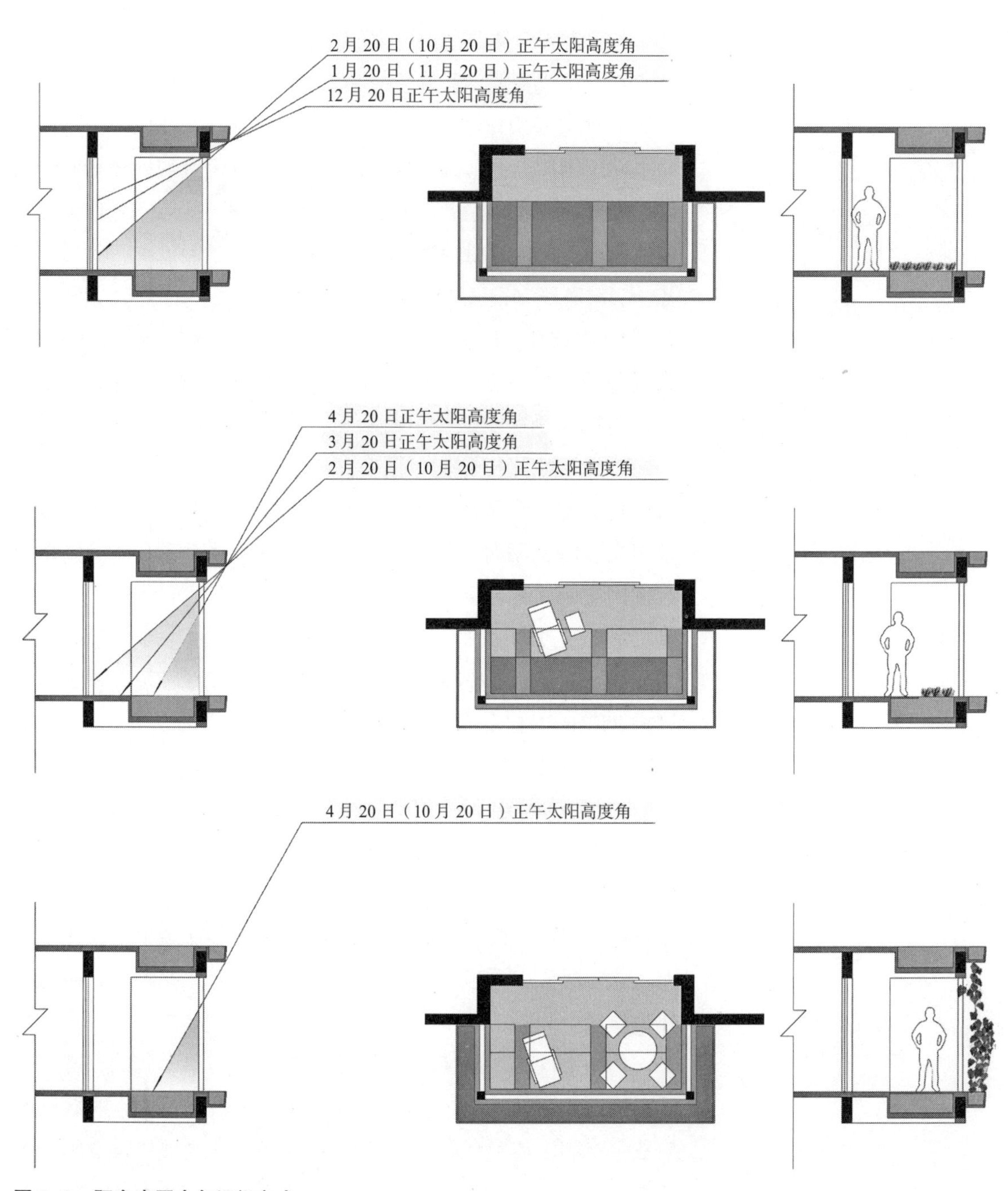

图 7-3 阳台农园全年运行方式

来源：作者自绘

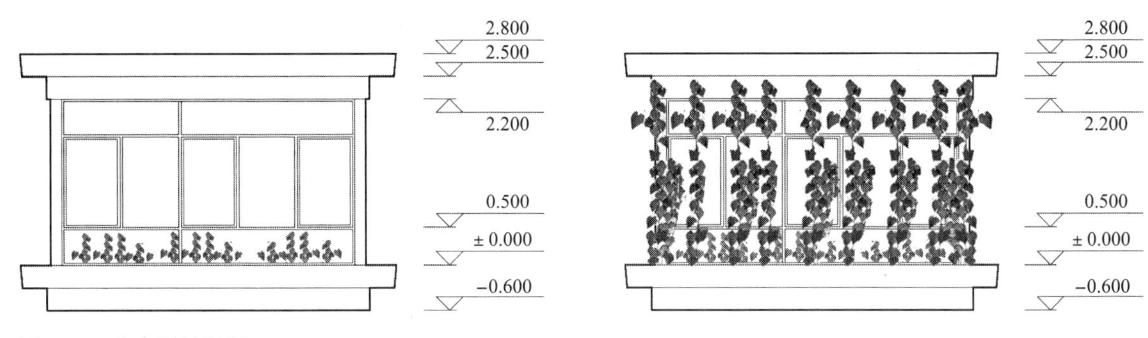

图 7–4　窗户设计细部
来源：作者自绘

种植空间的采光面构造设计：

（1）宜采用平开窗取代推拉窗，减少窗框等构件对室内自然光环境的影响。

（2）宜采用卷式纱窗，在不使用时完全收起，减少纱窗其对太阳光的遮挡。

（3）固定窗与开启窗设置。城市风环境复杂，多层和高层居住建筑室外较地面风速快。大风不利于农作物生长，风速过快降低农作物周边的空气相对湿度，引发病虫害，甚至可能折断作物藤蔓或杆茎，减产或造成农作物死亡。农作物幼苗期对这一问题的反应尤其剧烈。为保护幼苗，距离种植土壤 50cm 的范围内设置固定窗，而距种植土壤 50 ~ 170cm 位置设置平开窗，组织通风（图 7-4）。

7.2　研究结论

研究试图寻找一种适宜高密度城市的、符合可持续原则的城市建筑与农业种植有机整合的结合方式。理想情况下，这种方式中的农业生产能够与城市环境融合，利用自然、城市和建筑的资源，为城市提供“低能耗的农产品”，同时降低建筑运行能耗，达到总体节能。

首先，研究借用了卡普洛的建筑与农业种植一体化概念，建立了包含农业种植和城市建筑功能的复合型建筑，提出了理想的城市建筑与农业种植有机整合方式及特征。通过比较人和农作物对光照、温度和空气相对湿度等生理需求，确定这类建筑的空间构成和作用原理。其中，人与农作物相近的温度需求、在不利气候和天气条件下相同的环境调控趋势，是农业种植空间与城市建筑结合的基础，也是建筑与农业种植一体化存在的意义。农业种植空间与城市建筑的结合，能有效减少建筑整体散热面积，通过共享（温）室内环境调控措施资源，得以降低能耗。人和农作物对于光照环境需求的差异决定了两种功能的空间位置。由于农作物对于光照强度和时长的要求远大于人，所以，种植空间占据了建筑中光照环境最优越的位置。为确定建筑与农业种植一体化的空间形态，提出了建筑与农业种植一体化的运行模式，并说明这一模式的推演机制，主要因素包括满足农作物环境需求的农业种植空间以及对应的建筑形态和室内环境调控资源。农业和建筑是建筑与农业种植一体化的两个重要因素，二者均具有显著的气候性特点。运行模式的推演过程中，基于当地露天生产时段、设施农业作用方式和本地农产品供应的周期性变化，提炼出该地在不利气候和天气因素下的农业生产环境调控趋势。当地建筑的温度环境调控资源满足农业生产需求时，初步确定农业生产方式。最后，验证这种农业方式能否满足当地建筑的保温防寒和通风防热等需求（第三章）。

其后，基于建筑与农业种植一体化的空间构成和作用原理，以北京地区集合住宅建筑为对象，确定适宜当地的建筑与农业种植一体化运行模式。在此基础上，进一步深化其空间形态，提出基于北京地区集合住宅的理想建筑与农业种植一体化空间形态，明确温室空间采取的种植技术和主被动式太阳能技术，以及与城市空间的整合途径（第四章）。此外，提出建筑与农业种植一体化的四季运转方式，提出它在不同类型集合住宅上的应用方式和总体高度控制，说明其在城市环境中潜在的生存空间及适应性。最后，通过相关计算，说明建筑与农业种植一体化在降低建筑能耗、进行农业和能源生产方面的可持续属性。

此外，结合北京地区城市集合住宅拟种植空间的光照和温度测量实验，提出农业种植空间改良措施（第五章和第六章）。光照和温度环境测量证明推断的农业运行时段内，部分集合住宅建筑室内和阳台空间的环境条件满足农作物需求，适宜进行农业种植。此外，研究认为，为获得更好的光照环境，种植空间应在保证南侧采光的基础上，尽可能增加东、西两侧采光，种植区域平面应尽量接近采光面下沿，以获得连续的自然光照，采光面应避免大尺寸截面构件，并采取可以完全收起的纱窗以保证光照环境。为获得更优良的温度环境，种植空间应相对独立于建筑居室，并通过控制种植空间与居室之间的隔断，调控热交换，保证种植空间的整体温度范围和昼夜温差（第七章）。

7.3 存在的问题与研究展望

研究和写作过程中存在着以下问题：首先，本书的第五章和第六章，针对北京地区集合住宅的室内和阳台空间的光照和温度环境实验中，选取的测量区域均属于板式住宅建筑，建筑南侧采光面的凹凸变化有限，且空间构成和建造技术相近，难以代表其他类型的住宅建筑，具有一定局限性。其次，现阶段的研究主要针对种植空间和城市建筑的光照和温度等物理环境，缺乏与之相应的人日常生活、工作行为的改变等。最后，研究缺乏对具体城市环境的考量，第四章和第七章的研究和设计策略对北京地区高密度城市环境的回应不充分。

下一阶段研究中，首先，应将测量实验扩展至不同形态的居住建筑，以获得更为完全的测量数据作为研究基础。其次，研究应关注种植空间与城市建筑结合的使用操作和社会生活层面，并应着重于对城市环境回应的研究，突破实践中存在的壁垒。最后，研究计划开展以公共建筑为主体的建筑与农业种植一体化研究。以办公建筑为代表的公共建筑主要采用集中空调系统，具有巨大的建筑室内环境调控资源，因而运行能耗高。这类建筑在日常使用中，对自然光照强度和时间的要求并不严格，当农业种植与之结合时，受到的限制少，发挥空间大。如果将这类建筑与农业种植结合，其生态和经济效益可观，研究意义显著。

参考文献

[1] 北京市气象局 . 中国天气网北京站 [DB/OL].2013. http：//bj.weather.com.cn.

[2] 陈殿奎 . 北京设施农业发展现状调查 [EB/OL]. 2011. http：//www.docin.com/p-337209200.html.

[3] 程智慧 . 蔬菜栽培学总论 [M]. 北京：科学出版社，2010.

[4] 崔明端，李瑞芬，周玥涵 . 北京设施农业发展的问题与对策研究 [J]. 北京农学院学报，2013，28（2）：76.

[5] 方光迪，宋世君 . 京津及毗邻地区气候与蔬菜 [J]. 自然资源，1987（3）：13-24.

[6] 高楠 . 从"空中花园"到"空中菜园"——上海新型屋顶绿化设计研究 [J]. 艺术与设计（理论），2012（6）：89-91.

[7] 高宁 . 基于农业城市主义理论的规划思想与空间模式研究 [D]. 杭州：浙江大学，2012.

[8] 蒋彦鑫 . 北京市发改委：居民用电量以年为周期计算 [N/OL]. 新京报 .2012-04-27.http：//finance.ifeng.com/news/region/20120427/6386814.shtml.

[9] 李全林 . 新能源与可再生能源 [M]. 南京：东南大学出版社，2008.

[10] 李世奎 . 中国农业气候区划 [J]. 自然资源学报，1987（1）：71-84.

[11] 李世奎 . 中国农业气候区划研究 [J]. 中国农业资源与区划，1998（3）：49-52.

[12] 李婷婷，高寿利，杨仕国等 . 上海市设施园艺发展模式研究 [C] // 中国园艺学会观赏园艺专业委员会 2009 年全国观赏园艺年会，2009：585-590.

[13] 刘娟娟 . 我国城市建成区都市农业可行性及策略研究 [D]. 武汉：华中科技大学，2012.

[14] 刘胜杰 . 垂直农田 [J]. 城市环境设计，2009（7）：118-121.

[15] 刘思莹，戴希楠，黄龙等 . 北京地区常用类型日光温室的冬季气温特性分析 [J]. 中国蔬菜，2011（22）：21.

[16] 刘长安，张玉坤，赵继龙 . 基于物质循环代谢的城市"有农社区"研究 [J]. 城市规划，2018（1）：52-59.

[17] 陆志元，苏生平 . 遮阳网应用技术 [J]. 农业工程技术 . 温室园艺，2007（11）：18.

[18] 米满宁，张振兴，李蔚 . 国内生产性景观多样性及发展探究 [J]. 生态经济，2015，31（05）：196-199.

[19] 穆大伟，周兰愉，江雪飞等 . 海南园艺设施的特征与功能 [J]. 广东农业科学，2012，39（11）：198-200.

[20] 邱建军 . 温室保温覆盖材料传热系数的测定 [D]. 北京：北京农业大学，1995.

[21] 申黎明 . 人体工程学：人 - 家具 - 室内 [M]. 北京：中国林业出版社，2010.

[22] 石晗，张玺玲，张建国等 . 国外生产性景观理论研究与应用情况 [J]. 浙江农业科学，2015，1（3）：352-355.

[23] 孙儒泳 . 城市垂直农场以及其在城市持续发展中的意义 [C]// 生态城市发展方略——国际生态城市建设论坛文集，2004：189-190.

[24] 孙艺冰，张玉坤 . 都市农业在国外建筑和规划领域的研究及应用 [J]. 新建筑，2013（4）：51-55.

[25] 万学遂 . 我国设施农业的现状和发展趋势 [J]. 农业机械，2000（11）：4-6.

[26] 王统正 . 上海的蔬菜淡季及其对策 [J]. 中国蔬菜，1983（3）：42-45.

[27] 魏文铎，徐铭，钟文田等 . 工厂化高效农业 [M]. 沈阳：辽宁科学技术出版社，1999.

[28] 吴海梅，叶冰冰，吴倩倩等 . 海口市夏秋淡季蔬菜市场销售价格变化与原因分析及其建议 [J]. 中国果菜，2009（3）：50-51.

[29] 吴长春 . 我国蔬菜设施栽培的气候分析与区划研究 [D]. 合肥：安徽农业大学，2009.

[30] 杨其长，张成波 . 植物工厂概论 [M]. 北京：中国农业科学技术出版社，2005.

[31] 张明洁，赵艳霞 . 近 10 年我国农业气候区划研究进展概述 [J]. 安徽农业科学，2012，40（2）：993-997.

[32] 张睿，吕衍航 . 城市中心"农业生态建筑"解读 [J]. 建筑学报，2011（6）：114-115.

[33] 张天柱 . 温室工程规划、设计与建设 [M]. 北京：中国轻工业出版社，2010.

[34] 张玉玺 . 北京市蔬菜价格波动的特点、原因及对策 [J]. 蔬菜，2011（7）：4-5.

[35] 赵友森，赵安平，王川．北京市场蔬菜来源地分布的调查研究 [J]. 中国食物与营养，2011，17（8）：41-44.

[36] 中华人民共和国建设部，国家质量监督检验检疫总局编．住宅建筑规范：GB50368—2005[S]. 北京：中国建筑工业出版社，2006.

[37] 中华人民共和国住房和城乡建设部，中华人民共和国国家质量监督检查检疫总局．住宅设计规范：GB 50096—2011[S]. 北京：中国建筑工业出版社，2012.

[38] 周长吉．现代温室工程 [M]. 北京：化学工业出版社，2010.

[39] 安德烈・维尔荣．连贯式生产性城市景观 [M]. 陈钰，葛丹东译．北京：中国建筑工业出版社，2015.

[40] 勒・柯布西耶．走向新建筑 [M]. 陈志华 译．西安：陕西师范大学出版社，2004.

[41] 麦克唐纳，布朗嘉特．从摇篮到摇篮——循环经济设计之探索 [M]. 中国 21 世纪议程管理中心中美可持续发展中心译．上海：同济大学出版社，2005.

[42] 卢克・穆杰特．养育更美好的城市——都市农业推进可持续发展 [M]. 蔡建明，郑艳婷，王妍 译．北京：商务印书馆，2008.

[43] 瑞吉斯特．生态城市：建设与自然平衡的人居环境 [M]. 王如松，胡聃译．北京：社会科学文献出版社，2002.

[44] 万・波赫曼，弗瑞哲，欧特勒．生态工程：绿色屋顶和绿色垂直墙面 [J]. 钟璐译．风景园林，2009（1）：42-46.

[45] Adams Z W，Caplow T. Vertically Integrated Greenhouse：United States，8151518B2[P]. 2012-04-10.

[46] Anonymity.Green the City with 'Greenery Curtains'[EB/OL]. 2008-12-02. http：//www.japanfs.org/en/pages/028539.html.

[47] Anonymity. The Sun Works Center at Manhattan School for Children[EB/OL]. 2012.http：//nysunworks.org/projects/the-greenhouse-project-at-ps333.

[48] Broyles T D. Defining the Architectural Typology of the Urban Farm[C]//Conference on Passive and Low Energy Architecture，Dublin，2008.

[49] Caplow T，Nelkin J. Building-Integrated Greenhouse Systems for Low Energy Cooling[C]//2nd PALENC Conference and 28th AIVC Conference on Building Low Energy Cooling and Advanced Ventilation Technologies in the 21st Century. Crete island，Greece，2007.

[50] Caplow T. Building Integrated Agriculture：Philosophy and Practice[R]//

the Heinrich Böll Foundation. Urban Futures 2030: Urban Development and Urban Lifestyles of the Future. Germany, 2010.

[51] Coles R, Costa S. Food Growing in the City: Exploring the Productive Urban Landscape as a New Paradigm for Inclusive Approaches to the Design and Planning of Future Urban Open Spaces[J]. Elsevier: 2017.

[52] Critten D L. The Effect of House Length on the Light Transmissivity of Single and Multispan Greenhouse[J]. Journal of Agricultural Engineering Research, 1985, 32 (2): 163-172.

[53] Delor M. Current State of Building-Integrated Agriculture, Its Energy Benefits and Comparison with Green Roofs[R/OL]. 2011. http://e-futures.group.shef.ac.uk/page/publications/author/35/category/9/.

[54] Despommier D. The Vertical Farm: Feeding the World in the 21st Century[M]. New York: Thomas Dunne Books, 2010.

[55] Kitaya Y, Yamamoto M, Hirai H, et al. Rooftop Farming With Sweet Potato For Reducing Urban Heat Island Effects and Producing Food And Fuel Materials[C]//The 7th International Conference on Urban Climate, 2009.

[56] Lin B B, Philpott S M, Jha S, et al. Urban Agriculture as a Productive Green Infrastructure for Environmental and Social Well-Being[M] // Greening Cities: Forms and Functions. Singapore: Springer , 2017.

[57] Maye D. Smart Food City: Conceptual Relations Between Smart City Planning, Urban Food Systems and Innovation Theory[J]. City, Culture and Society, 2018.

[58] Smit J., Ratta A., Nasr J. Urban Agriculture: Food, Jobs, and Sustainable Cities[M]. New York: NY Press, 1996.

[59] Peck S W, Callaghan C. Greenbacks from Green Roofs: Forming a New Industry in Canada - Status Report on Benefits, Barriers and Opportunities for Green Roof and Vertical Garden Technology Diffusion[R]. Ottawa, Ontario: Canada Mortgage and Housing Corporation, 1999.

[60] Petts J. Edible Buildings: Benefits, Challenges And Limitations. Sustain-The Alliance For Better Food And Farming [EB/OL]. 2000. http: //www.sustainweb.org/pdf/edible_buildngs.pdf.

[61] Philips A. Designing Urban Agriculture: A Complete Guide to the Planning, Design, Construction, Maintenance and Management of

Edible Landscapes[M]. Wiley：2013.

[62] Plyler W. “Near-by Nature”：A Logical Framework for Building Integrated Agriculture[D]. Morgantown：West Virginia University，2012.

[63] Poole R. High-Rise Hopes Vertical Farming Paves Way for Future of Agriculture[J/OL]. Engineering and Technology，2011（10）：64-65. http：//eandt.theiet.org/magazine/2011/10/high-rise-hopes.cfm.

[64] Puri V，Caplow T. How to Grow Food in the 100% Renewable City：Building-Integrated Agriculture[M]//Droege P. 100% Renewable：Energy Autonomy in Action. London：Earthscan Ltd，2009：229-241.

[65] Ríos J A. Hydroponics Technology in Urban Lima - Peru[J]. Urban Agriculture Magazine，2003（10）：9-10.

[66] Tabares C M. Hydroponics in Latin America[J]. Urban Agriculture Magazine，2003（10）：8.

[67] Thompson W. Eco-Laboratory in Seattle，WA [EB/OL]. 2008. http：//weberthompson.com/projects/319?tag=Innovation+%26+Research.

[68] Todd N J，Todd J. Bioshelters，Ocean Arks，City Farming：Ecology as the Basis of Design[M]. San Francisco：Sierra Club Books，1984.

[69] Viljoen A，Bohn K. Continuous Productive Urban Landscapes：Designing Urban Agriculture for Sustainable Cities[M]. Oxford：Architectural Press，2005.

[70] Vralsted R. Planning for Building-Integrated Agriculture in Las Vegas[D]. Las Vegas：University of Nevada，2011.

[71] Wagner C G. Vertical Farming：An Idea Whose Time Has Come Back[J]. The Futurist，2010，44（2）：68-69.

[72] Whipp L. Tokyo Grows Green Curtains to Save Power[EB/OL].2011. http：//www.ft.com/.

[73] Zeveloff J. Tour the Hi-Tech Farm That's Growing 100 Tons of Greens on the Roof of a Brooklyn Warehouse[EB/OL]. 2011-07-15. https：//www.businessinsider.com.au/gotham-greens-2011-7#gotham-greens-is-located-in-a-warehouse-district-in-north-brooklyn-1.